非是
菲菲

孟云剑 著

世界经典趣味悖论

文匯出版社

序 言

自从人类由野蛮走向文明，就不仅努力探索客观世界的奥秘，也执着地探索着人类思维的奥秘；既寻找客观世界的规律，也寻找人类思维的规律。在探索客观世界的过程中，人类发现自己的面前有许多未知，也会出现各种各样的错误。但在探索人类思维的过程中，除了那些情况外，还有一种特别的现象——悖论。

正是在开始总结人类思维规律时，人们发现了在思维中的悖论。最早的悖论（说谎者悖论）几乎和最早的逻辑理论（亚里士多德逻辑）同时产生。悖论既不是未知，也不是错误。悖论的特点是：按照正确的逻辑推理，却得到逻辑矛盾。由于这个特点，悖论一直是逻辑学所关注的问题。19 世纪末，现代逻辑学的诞生，使悖论的研究进入了飞速发展的时期。现代逻辑学为悖论研究提供了强有力的工具，同时悖论研究也在某种程度上促进了逻辑自身的发展。然而，随着研究的深入，人们却发现了更多的悖论。不过，纵观历史，人类所有知识的获得不正是在发现问题、解决问题、发现问题的循环中不断前进的吗？

在本书中，作者用通俗生动的故事，展现了形形色色的悖论，能使读者在轻松愉快中体验到悖论的特点，也会使读者产生解决悖论的愿望。然而，看似简单的悖论，解决起来却并不简单，需要很坚实的逻辑基础，也要有一定的哲学素养和语言学知识，所以在本书中不可能详细讨论如何解决悖论，而只是提出一个开放的空间。

几千年的文明，使人们对客观世界的认识已经到了一个很高的程度。研究的范围，广可以到 200 亿光年，早可以到宇宙诞生之时，深可以到量子内部……但人们对自己思维的认识仍处于初级阶段，悖论就是一个例证。对于人类的思维来说，悖论只是一个初级的问题，但这个问题至今还没有一个完美的解决方法。

这是一本向青年学生和众多爱思考的朋友们敞开思考之门的好书。它融合了中西方思想的众多元素，又展现得非常生动有趣……本书作者在北京大学哲学系学习期间，就对如何在全社会普及逻辑知识十分关注。本书虽然并不直接讲述逻辑知识，但通过悖论的展现和讨论，势必对普及逻辑知识起到一定的作用。

从此书第一版出版时，我就希望作者能创作出更多通俗生动的作品。十几年来，作者一直坚持进步没有懈怠，至今已出版了多部广受读者喜爱的哲学、逻辑、历史等方面的优秀作品，这是令人感到高兴和欣慰的。

刘壮虎

2018 年 6 月 1 日

于北大燕北园修订

用你自己的方式思考

> 如果你确实知道这里有一只手，
>
> 我们就会同意你另外所说的一切。
>
> ——维特根斯坦

你可以看见自己的手、自己的脚……却看不见自己的头顶，更看不见自己的眼睛。这是一件遗憾的事，不过你可以通过别的手段间接看到，例如照镜子、拍照、摄像，等等。你可以记住上课时老师讲的知识，你可以看很多书获得许多能力，于是你"有"了自己的思想，但是却"看不到"！什么是可以"看见"自己思想的工具和手段？当然不会是镜子！

镜子——可以离开身体，从"外边"照见自己。对于思想，当然不能祈求完全地"映照"，而只能是"反观"。这种可以用于"反观"的工具是"我们的思维方式"！

我们如何思维？也许只有当我们知道什么是"思维"时，才能真正地感受到"我们的思维"。

悖论是一种可以令人接近思维的东西，因为它们是对思维的挑战，当你面对它们时，你就在"思维"了！

如果一个人爱问"为什么"，那说明这个人很好学；而一个人爱琢磨"为什么问这个问题"，那么这个人就是在思考了，因为他可能即将看见其中存在的更深刻的问题。

时代发展到了今天，追求个性已成了时代的共性。无论是奇装异服，还是五彩缤纷的发型已经不能将自己与别人区分开了，我们还能怎样诠释自己的个性呢？

为自己设计服装，旨在表现自己独特的审美观点。可是如果你有一套独特的审美观点，那么无论何时，你的一举一动、你的言谈举止就都会体现出属于你的个性。如果你形成的不仅是一个独特的观点，而是一种独特的思维方式，那么你的生活又将会是怎样的独特？我猜不出。不过，我想那一定就是你自己的模样！

目 录

引子

给我一个思考的理由

每次看变魔术的节目时，我的好奇心就会被无止境地激发起来，它似乎已经接近对人类能力的超越。记得有一种魔术是将一个球变成一堆球，很玄妙。后来听一位朋友说，数学家已经证明将一个球分割成几部分后能重新组合成与原球一样的两个球（分球悖论）！我更迷惑了。

我们都知道矛与盾的故事。古时候有一个楚国的生意人夸耀自己卖的矛和盾：我卖的矛锋利无比，世上没有它刺不穿的盾牌；但同时他还经营盾牌，于是又说——我卖的盾坚固无比，世上没有能刺穿它的矛！经过宣传，销量增加了。有一天一个过路人听到叫卖声，就走过去问这个生意人："你说你的矛是世上最锋利的，盾是世上最坚固的，那么用你的矛刺你的盾会怎样？"于是我们现在就用"矛盾"一词来指那些互相抵触、前后不一致的事。

其实，只要留心就能发现这样的事情经常发生在自己的身边。我就曾遇到过一件小事，至今想起还是感到有趣。20世纪90年代到21

世纪初的几年，中关村一带有很多流动摊贩。有一次我路过北大南边的一家商场，有人走到我身边忽然向我发问："要大片吗?"我先是吓了一跳，随后没有答话就走了，可是那人紧追不舍，于是我对他说，假的太多。这人赶紧说，绝对不会，我每天都在这儿，要是假的你找我，保证给换。我说，那不行，你要是不在这儿，我到哪儿找你去?他急忙说，肯定在，肯定能找着。我说，我还有事，过几天还来这儿，下次再找你买。他急了，脱口而出：那你到哪儿找我去!

　　你看，生活多可爱!

　　"悖论"这个词在日常使用中的含义要比作为专业词汇时范围更广泛，在日常中，悖论的意思接近我们说的矛盾。悖论与普通的智力题不同，它不是开发智力的，而是训练思维能力的。我们能从书中的悖论发现：每个悖论都很有趣，这不是人为的描述或安排，而是它们对人们的日常思维提出了挑战。在面对悖论时，常识或者直觉往往令我们晕头转向，总有种大脑不够用的感觉。

　　那么，到底什么是悖论? 都有哪些悖论? 悖论为什么有趣? ……

　　"看着你自己! 噢! 不是从镜子里。什么? 水里? 请闭上你的眼睛! 让我们随着德恩叔叔一起开始我们的悖论之旅吧!"

分球悖论

又称为巴拿赫–塔斯基悖论（Banach-Tarski Paradox）。属于拓扑学的领域，它令我们感到困惑的地方在于可以将一个球分成几部分后，重新组合成与原球大小一样的两个球。这个悖论还有一个更专业、更强的表述：任意两个非空的（3-度欧几里得空间 R^3 中的）有限子集都是等可分解的。这句专业术语里面涉及的概念太多，对我们来说现在就不必深究了。这个悖论是 1924 年斯坦芬·巴拿赫（Stefan Banach）和阿弗瑞得·塔斯基（Alfred Tarski）在佛里克斯·豪斯多夫（Felix Hausdorff）的工作基础上得出的。巴拿赫–塔斯基悖论不是一个严格的逻辑学悖论，而是一个可被证明的定理；它仅仅在直觉的意义上才能称为悖论。

矛与盾的故事

出自《韩非子》。韩非子是战国末期集大成的人物，他的作品语言简洁、犀利，内容深刻、冷峻，常令人百般咀嚼才解其中之味。矛与盾的故事已经成为中国文化中的一个经典故事。出自《韩非子》的故事还有我们熟悉的"守株待兔""郑人买履""滥竽充数"等。

第一篇

奇遇篇

第一章

克里特岛之旅

一、"水果是什么？"

白马非马。

——公孙龙子

有一年公司暑期休假，我就带两个侄女娜娜和维维去克里特岛旅游。没想到从此落下一个毛病，就是总爱在说话时加上一句"我没说谎，这是真的"。现在说的可是真的。

飞机刚刚降落在美丽的克里特岛上，娜娜和维维就冲下了飞机。岛上的海风令人精神舒爽，远处时常有跃出海面的鱼儿在空中飞舞。

世外桃源般的小岛上有几幢木质的阁楼，名字却叫摩天饭店，我们就随旅游团住在此处，院中奇花异草，芳香怡人。岛屿不大，岛上居民也不多，风情独具。

午饭后，转眼就找不见娜娜和维维了，我只好一个人在岛上闲逛。当地居民摆的小杂货摊零零散散地分布在整个小岛上，售卖些稀奇古怪的东西。我边看边走到一个卖水果的小摊前，拿起一个从未见过的水果："这是什么？从没见过。"

"这是沙那门，买点尝尝吧。"

"是水果？"

"不是。"

"那我怎么做来吃？"

"直接吃，和这个一样。"摊主指着边上的芒果说。

那不就是水果吗？我心想。不过，他也没有不承认的必要呀。

我又指着芒果说："这是不是水果？"

他摇着头："不是不是，沙那门就是沙那门，芒果就是芒果。水果？水果是什么东西？"

我只好说："这些就是水果呀。"

"哦，也许是吧，你买点尝尝吧。"

既然没吃过，尝尝鲜，"啊……这是什么味道？"

摊主自己咬了一口："啊，又酸又甜呀！最好吃的味道。"反正一克里（岛上货币，价值约人民币一角）能买五个，我就买了几个。

回来的路上我见一个克里特岛人在树下喝"茶"，就过去与他聊天。过了一会儿他请我喝"茶"，却有一股怪味。"这是什么茶？味很怪。"

"噢……不知道你说的'茶'是什么，岛上人都喝这个，能消暑。"后来我递给他一个"沙那门"，问他什么味道，他说："又酸又甜，我们都很爱吃！"不会吧，连撒谎都一样！

我回到"摩天饭店"的阁楼上，两个孩子都已睡着了。我静静地躺着，还在想那个摊主说的话——"水果是什么东西？"有这么多水果，他竟然还问我水果是什么，水果……

　　这使我想起中国春秋战国时的一个故事。春秋战国时期是一个思想极为繁荣、素有"百家争鸣"之称的时代。就在这"百家"之中，有一个喜爱辩论的学派被称作"名家"。公孙龙就是其中的代表人物之一，后来成为赵国平原君的门客。

　　公孙龙擅长"假物取譬"，有一个著名的"白马非马论"，就是说白马不是马。他说，"白"是用来指颜色的，而"马"是描述形态的；颜色不是形态，形态也不是颜色。所以当说颜色时与形态无关，而说形态时与颜色无关。比如要在马厩中找一匹白马但没有，而只有黑色的马，就不能说有白马。既然不能说有白马，那么就没有所要的马，所以白马不是马。

　　如果这样说，那"沙那门"就是"沙那门"，而不是水果或蔬菜。这就好比问"马是什么"，现代的科学可以从不同的角度给出许多定义，比如生物学、动物学、考古学，等等，可是，这种称呼不是与生俱来的，而是人类约定的。在不同的人类语言中"马"也有不同的称呼，在英语中除了"horse"作为"马"的通称外，还细分了许多类别，各有不同的词与之对应；而在汉语里，我们通常是在前面加修饰语组合而成，比如"蒙古马"、武侠书里的"大宛宝马""汗血宝马"什么的。

　　理解"类别"的概念是解开"白马非马论"的关键。公孙龙的目的是要剖析名实相符的问题，但现在看来这是另一个问题，即种属关系的问题。"马"是一个抽象概念，是人类从实践中总结出的类的概念，也就是将多种物体根据相同的性质统一成一个类别，这个类别包括的是这些物体共同具有的性质，而不是各自具有的所有性质。只要是马当然就具有颜色，但颜色却不是区别"马"与其他物体的本质属性，即在"马"这一概念的形成中已经剥离了颜色的性质，因而包括所有颜色的马。公孙龙实际是将"马"这个类取消了。因为按他的道理，只要马具有颜色都不是马，那么"马"也就不存在了。公孙龙认为"白"是颜色，没错，"马"指形态，这就有问题了。实际上"马"是一个抽象的类概念，而不是单指形态而言。

从另外一个角度来说，颜色也可以作为一个类，比如"白色"就包括所有具有"白"的属性的物体，白马或者白纸当然都属于"白色"这个大类。

"白马非马论"也可以从概念复合的角度加以分析。公孙龙认为颜色与形态不能一起使用，也就是概念无法复合。我们按照类概念分析："白马"实际上就是白色的类与马的类相交的部分，但公孙龙却认为这个交集只属于白色的类，如此一来就不可能有复合概念了。

"水果""蔬菜""人"等其实也都是类概念，不存在一个叫"水果"或者"蔬菜""人"的东西，而是对许多物体的通称。现实中并非所有的类别都泾渭分明，西红柿是水果还是蔬菜？辣椒是蔬菜还是调料？诸如此类……

对于类别的名称是叫水果还是马则是约定，所以"沙那门"在我们的约定中是水果的一种，而对于克里特岛人却无此概念。看来"谎言"并不是永恒的，因为所谓的谎言也许是由彼此的认知环境不同造成的。

二、谁给我理发

"我只给那些不给自己理发的人理发。"

一个理发师的规矩。

——理发师悖论

第二天早上我们吃了"又酸又甜"的沙那门，又在岛上买了许多不知名的玩意，其中有一个制作精巧的小克里特人玩具，它居然会说话。

当天下午我们吹着惬意的海风乘船到相邻一个较大的岛上。岛上的村子叫萨维尔，这里每个居民的发型都很时尚，不像是地处偏远的岛屿。

路过一户人家时，发现里面摆着一些来自中国的石刻，内心喜悦。两个孩子却对岛上的新鲜东西更感兴趣，早已跑远了。主人的名字叫"大力水手"，或者是"达利"吧（根据发音），也许叫这个发音的不是很有力气就是热爱艺术。他喜欢石刻——这可是个要花力气的艺术活。他的曾祖父去过中国，大老远地搬回了几个京城人家常用来把门的门墩和刻有某年全国进士姓名的石碑，还有几块不完整的碑文，算来也是清朝的故事了。听说我来自中国，主人很感兴趣地问了我一些关于中国的事，但听我说的好像与他想象的并不一致，也就兴味索然了，远不如讲起那些石头时显得神采奕奕。

等孩子们回来，女主人特意请我们吃了些不知名的东西。这次旅行的一个额外收获就是，说不清什么是"酸、甜、苦、辣"了，因为的确没有一个统一的标准可以告诉我们。事实是，同一个东西不会有两种味道，区别在于我们对味道的感受和描述。

在返回的途中，娜娜她们又告诉我一件奇怪的事：村里居民的头发都是一位理发师给理的，但这位理发师自己的头发却乱七八糟，没人给理。我也觉得有些好玩，"实在不行就自己理呗"。

维维抢着说："这个理发师自己立了个规矩，只给不给自己理发的人理发。但后来自己的头发长长了，他却不知道该不该给自己理了。德恩叔叔，你说为什么？"

"嗯，他只给不给自己理发的人理发……"我一边重复这个规矩一边想，"也就是说，如果他给自己理的话，他就是给自己理发的人，那么按规矩他不给这种人理发，所以他就不能给自己理发；但如果他不给自己理发的话，按规矩他就要给这个人理……说来说去还是不知道该不该给自己理……"

两个孩子把问题扔给我，却自顾自聊她们遇到的新鲜事去了。怎么搞的，岛上尽是些怪问题！

船边忽然传来"哗啦"一声，我低头看去，只见一尾色彩斑斓的鱼跃出了水面，漂亮极了。按理说色彩鲜艳的鱼大都在深海里，怎么会跳出水面呢？算了，这本来就是一个令人难以捉摸的地方，还是好好享受这次旅行吧！

三、我在说谎

我在说谎。

——说谎者悖论

第三天，我们与当地居民一起联欢，白天的活动就像原始狩猎，把远离自然的现代社会的我们"折磨"得乐此不疲，好不快活；晚上参加当地的一个祭祀活动——这可不是每个游客都能碰上的。

活动结束后，我们回到住处，坐在窗边倒一杯"茶"——舒服极了。还没几分钟就听见娜娜和维维在争论什么，真是两个小淘气。

"又发现什么了？还不赶紧睡，明天在路上又没精神了。"

"叔叔你过来，这个小人会说话。"

她们说的是昨天买的小克里特人玩具。"不是早知道了吗？"

"他说'我在说谎'，你说他说没说谎？"

"他都说了在说谎，还问什么？"我边说边走过去，拿起那个小玩意儿，打开开关就听小人说："我在说谎，我在说谎……"

我琢磨了一会儿："我在说谎，如果我在说谎，这句话就是谎话，'我在说谎'是谎话，那我就不是在说谎话；如果我不是在说谎话，'我在说谎'就不是谎话，那我就是在说谎话……"

奇怪！

"早点睡吧，叔叔有点头疼呢。"

从那以后，我时常琢磨这句话，可是总有种能说出又说不清楚的感觉。

趁现在还能说出的时候，赶紧说吧……

白马非马

语出公孙龙子。公孙龙还说过一些类似的论断，比如"离坚白"，是说"坚"是来自人的触觉，"白"是来自人的视觉，所以人们无法同时获得一块石头是"坚"的而且又是"白"的这样的概念，因为这两个描述是来自不同的感觉。从中也能看出公孙龙子一直在关注概念问题。

理发师悖论（Barber Paradox）

罗素（Bertrand Russell）对自己提出的"罗素悖论"（Russell's Paradox）的通俗化说法。罗素悖论引起了数学界的恐慌，罗素本人也积极地寻求解决办法，为此他提出了"类型论"，但并不理想。

说谎者悖论（Liar Paradox）

来源于另一个希腊悖论（Epimenides Paradox）。一个克里特人说："所有的克里特人都是说谎者。"它也是最早的悖论之一，大约产生于公元前 6 世纪。

第二章

埃里克斯群岛

一、没有原则的社会

在离开克里特岛的船上，我收到公司总部的通知，让我去希思城参加一个国际研讨会，还要准备三十分钟的发言。天哪，我要说多少废话呀！把侄女们送回后，我就马不停蹄地出发前往希思城了。

埃里克斯群岛又叫爱神群岛，好有魅力的样子，群岛位于大西洋中部，号称人间仙境。

可是这样一个风光秀丽的地方，我却再也不想去了。

我之所以到这个岛上，完全出于偶然。由于我乘坐的飞机出现了故障，紧急迫降在大西洋的一个小岛上，这个岛就是埃里多岛——埃里克斯群岛中的一个。

据机组人员说，飞机的故障有望在两天内修好，前提是能找到配件的话。我将情况告知总部，他们安慰我说不会耽误开会的。这种安慰令我不得不感慨"世上知己几人"，怕耽误的不是我呀！着急也没用，干吗不先享受一下岛上风光？

我与同机的几个伙伴来到一家直接建于海底的海洋馆，人可以直接走到海里面去。这种感觉可不一般，不过要是运气不好的话可能什么也看不到。

我们在门口排队买票，却没见任何标价，只好问售票员，于是怪事来了！

她斜着眼看看我们，没说话。第一位收了十里克（一里克约合人民币三十元），第二位却要收十五里克。凭什么？我们和她讲理，可她忽然像是变聋了。最奇怪的是，到了第三个人竟然免费！天哪，没天理了！

后来遇到的事大都如此，到处都不讲原则。第一天我的运气坏透了，难道他们不知道这群人里最有钱的是那个法国小姐和那个英国绅士吗？我这个中国先生和另一个美国姑娘并不像是最有钱的人呀。餐厅的服务员会莫名其妙地将菜盘子倒在客人的身上，好像就为了接下来的热情赔款。我要出离愤怒了。

不过到后来，我还有点暗暗庆幸呐。离开这个奇怪的岛屿时，我的住宿费被莫名其妙地免掉了，而交得最多的就是那位英国绅士，他一天的住宿费就是我在岛上的全部花销了。运气嘛，是会变的。

二、原来如此

如果你精神失常，那么你可以领取国家福利；

但是要申请领取国家福利，你必须精神正常。

——规则悖论

终于离开了那个令人发疯的地方，只要一想起为了一个贝壳，就和售货员争了整整两个小时，我的脑袋都要炸了。

美丽的希思城，中规中矩的时尚，我习惯这种按部就班的生活。会议很顺利，谁知道我洋洋洒洒地说了些什么，也许只有记录员吧。

会后，在希思城代理市长举行的招待会上，我与一位当地同行——麦力老兄聊起埃里克斯岛上的事，他听了哈哈大笑。我很纳闷："你知道这回事？"他同情地看着我点点头："我了解一些。"

原来还有这么奇怪的事。

岛上盛产黄金，居民的主要收入都来自黄金。整个国家似乎只忙着做一件事——组织大家不停地开金矿，炼金子。

所有的怪事都是埃里克斯群岛的人有意为之。他们像精神病一样的行为是因为他们想证明自己精神失常。原因是该岛国有一个规定：如果你精神失常，那么你可以领取国家福利；但是要申请领取国家福利，你必须精神正常。

麦力说："至今还没听说有人能领到国家福利呢！"

我奇怪地问："这样的生活难道连一个精神病都没造就出来？"好

像巴不得别人都变得精神失常似的。

"你仔细想想，真正的精神病怎么能申请到国家福利？"

"他就说自己精神失常呗。"

"可是一个人必须精神正常时才能申请。"

"精神正常就不用申请了。现在的问题是如果出现一个真的精神失常的人该怎么办？"

"所以就不可能出现精神失常的人。"

我坚持说："那可以找别人来证明，代替本人写申请。"

"你们在岛上遇到的情形不就是大家为了证明自己精神失常吗！可是政府会问'别人怎么知道他是否不正常'。"

我还是奇怪："医学，他们可以通过医学证明一个人是不是正常。"

麦力笑着说："那岛上就没有正常的了。"

是呀！

并且，我脑筋一转，也许他们本来就已经失常了。想到这儿，我吓出一身冷汗，幸好没发疯！否则我们怕是有去无回了。

我想这规则一定是岛国成立之初制定的，目的是保证所有能够劳动的人都必须参加挖金子。可是金子堆成了金山，人也不正常了，难道这就是创建岛国的人想要的结果？何况还有很多年轻人，他们付出的一切努力就为了证明自己有精神病……

我们一起眺望着远处山脚边城市的灯火，沉默了一会儿。

麦力忽然说："其实我们还不是一样，自己制定了很多规则，大家都去遵守，直到有一天发现其中含有巨大的漏洞，却又无法更正。这些规则就像一个巨大的旋涡，谁也挣扎不出去，只能和大家一起在其中不停地旋转，直到结束。"

"至少我们还没有精神失常。"

"但愿吧，可是那个岛上的人也都以为自己还很正常。"
我仰头喝下杯里的葡萄酒，忽然感到好累。

规则悖论

来源于对制度的反思。美国作家约瑟夫·海勒（Joseph Heller）在《第二十二条军规》里做了很好的诠释，不过是另一种表述方法。

第三章

丛林中的城堡

一、开始冒险

我与麦力约好第二天上午十点在市政大厅见面。他要带我去一个地方，据他说那是一个奇特的世界，恐怕连想都想不出会有这样一个所在。

我感觉简直就是在冒险。

一觉醒来，阳光已经透过窗帘的缝隙斜斜地照在落地镜上，反射着刺眼的白光。我的第一反应是，"迟到了"。结果才七点半，时间还早，先到街上走走吧。

带着古城的流风余韵，走在有着几百年历史的小巷里，与历史同行，说不出的怀旧。

巷口不远处有一位老人坐在路边，面前摆着一堆鲜花。其中有两株粉红色不停摇摆的花吸引了我："老先生，这是什么花？"

"跳舞花。"

"这个名字好奇怪。为什么起这个名字？"

"你看这儿。"

只见它的枝干顶上有一片大叶子，大叶子背面长着两片小一点的叶子，这两片小叶子不停地绕着花茎转，转一周后又反弹回来，来来回回旋转不停。

老人说，跳舞花是一位王子和他心爱的人所变。我大概知道后面的童话故事了，不过我没有打断他，静静地听他讲：小蝶的舞鞋被后母施了咒语永远停不下来了，痴情的王子就与心爱的姑娘相伴而舞，直到永远。后来终于感动神灵，但也只能解除一半的诅咒，所以他们只能在晚上休息。"跳舞花"也是这样，在阳光下不停地舞动，太阳落山后就停下来了。

走出小巷时，我还沉浸在美丽的传说中。

麦力带我先去了一趟市长秘书处，拿了两张卡片。我问他这是什么，他故作神秘。客随主便，由他吧。

越野车向西走了三个多小时，终于到了一个小镇，下车后麦力又轻车熟路地租了两匹马。"喂，我们到底要去干什么，今天看样子是回不去了。"麦力说："上马吧，本来就没想回去。"不会吧，这个险可冒大了。

马儿们听话得很，我的意思是没把我摔下来。路越来越崎岖，似乎永远到不了头。我已然恍惚了，只大约记得翻过一座小山、蹚过一条小河、穿过一片树林、再跑过一片草地，最后走进一片石林……

定睛一看，我惊呆了。

二、"我要进城去"

入城者必须出示通行证，

而通行证在城里。

——通行悖论

面前的无数级台阶直通天宇，在如此壮观的"通神之路"面前我感到有点发晕。

"麦力，这是什么地方？"

"我们就是要到这儿，伊斯德城堡，一个独立的小世界。"

"可是怎么上去呀，不会是走上去吧？"

麦力拍拍马。

"骑马？没搞错吧。这不是冒险，是玩命。我还是自己走吧。"

"随你吧。太阳一落山，城门就关上了。你愿意一试，大不了我陪你在外面过一夜。"

"老兄，咱们回去吧，也许我已过了冒险的年龄。"

"快走吧，这不是冒险，而是去经历、感受一种生活。"

我心里想："还不是一样。"虽然我做梦都没想过骑马上天梯，可是那又怎样？大不了摔个头破血流。不过我到底得罪谁了，要接受如此严酷的考验！

我轻轻地抚摸着马头："马兄，拜托了。"提心吊胆上了台阶，越来越高，我慢慢地回头一看，晕！不过闭上眼就好像在平地上一样，看来这些马是专用的。

平台上更加广阔，原来那些依山坡而建的一千一百一十一级台阶就是城堡的"迎宾大道"。城墙下有几个人在排队进城。这是怎么回事，进城还要搜身？太岂有此理了。麦力指着城门边上的一张告示说："你看，那上面不是写着吗！"

入城通告：入城者请出示通行证。

"那我们也没有呀！"

麦力拿出那两张卡片："这不是？"只见上面写着：伊斯德城堡通行证。下面是某人的签名（看不懂），卡片的背景可能是整个城堡的全图，雄伟壮观，给人以无限的遐想，似乎从中能找到一个人最想实现的梦想。城堡的画面有股巨大的吸引力，使我的思绪很难离开，似乎连自己的思想也被一个东西紧紧地抓住了。

"喂，走吧。"看来我们是最后进城的人了。我再不敢看通行证上的城堡，赶紧交还给麦力，还是让他拿着吧。

这时，一个中年人与卫兵争吵起来。卫兵说："这是长老会的决定，必须有通行证才能进城。"那人气急败坏地说："我的通行证已经办了，可是还没拿到手。我进去就可以拿到。"

卫兵耸耸肩膀，很无奈地说："那没办法。"

"本来说好的是明天来，我提前到了，我可是你们长老会请来的客人。"

"那还是等明天吧，您最好还是到迎客室休息一夜。"我想起刚才上了台阶后经过一个漂亮的小院，大概就是迎客室了。

那人大声说："你们会遭到惩罚的。"

卫兵愣了一下，但是仍坚持说："对不起，尊贵的客人！不过如果我们放您入城，明天我们一样会遭到惩罚的。还有人等着进城呢。"

看着那位尊贵的客人无奈地走了，我觉得好奇怪，城外的人必须得到从城里开出来的通行证才能进城，那至少要在城外设一个专门的机构负责签发通行证才合理呀，否则我们要出一趟国岂不是只能等待？

终于进城了，恍惚中我感觉这一天就像在梦游。

三、只要答题就行

为什么有的商品越是涨价，

消费者反而越要购买？

——商品悖论

我们终于在天黑之前走进了这个像是虚幻的城堡。

麦力问我要住什么样的宾馆，我说当然是越好越好了。可是麦力笑笑说："住什么样的宾馆都要付出代价的，越好的越麻烦。"

我奇怪地问："什么叫越麻烦？难道你没带钱？"

"我本来就没带钱。"

"什么？"

麦力为什么总爱笑，"我们碰碰运气吧"。

我们找到一家门面蛮不错的宾馆，麦力看了看说："进去吧。"

服务员很热情："请问两位客人想住什么级别的房间？"兜里连一块钱都没有，还谈什么级别，让住就不错了。

麦力说："普通房间。"

"好的，"看来服务员不是势利眼，他随手从架上拿了两张卡片，"请两位回答。"我赶紧说："他是麦力，我是……"

"对不起，不是问两位的姓名。请回答问题。"

回答什么？住店还要回答问题？麦力这小子事先什么都不对我说，净让我出洋相。我干脆还是装聋作哑吧。

服务员拿出其中的一张卡片念道："一只有六个面的骰子，前九次的投掷结果都是一点，那第十次呢？仍然出现一点的可能性是大于、小于还是等于六分之一？"

麦力露出一丝得意："当然还是等于六分之一。这是一个简单的概率题嘛。"看他得意的样子，我心想知道这么弱智的问题有什么值得得意的。我插话道："必须保证这只骰子没被灌进铅或水银什么的，否则我认为大于六分之一的可能性更大。"

服务员看了我一眼说："这位客人如果回答出下一个问题，两位就可以入住了。"

"什么？这么简单？还额外收钱吗？"

服务员愣了一下："这位麦力先生没给您说过吗？只要对问题做出合理回答的人都不收钱。实际上，我们这个城堡根本不用钱，但如果不能回答问题，就什么都得不到。"

哇，这种冒险还是蛮安全的嘛！

"来，问吧！噢，什么叫合理的回答？"

"只要你自己能解释清楚。"

"如果答案并不是真的正确又怎么办？"

"我们欢迎有这样的情况出现。"

这么自信，难道他们都是深藏不露的此道高手？这一下可激发了我的斗志，来吧。

服务员拿出第二张卡片："为什么有的商品越是涨价，消费者反而越是购买？"

"有这种情况吗？"我想，"但这个问题我好像在哪儿听过，这种商品是一种特殊商品。"

大家都知道，一般的商品价格与消费者购买是成反比的，意思就是，当价格上涨时，消费者会减少购买此种商品，转而购买可以替代的类似商品。比如今年西瓜不断涨价，也许我们就会倾向于多买点哈密瓜或者其他水果。但是当一个商品没有替代商品时，我们就会有点担心了，如果米面粮油都在不停地涨价，每天商场里的标价签都在更换，也许我们就开始考虑囤积点粮食了，只要这种趋势没停下来，我们就会在财力范围内越买越多。通货膨胀会增加物价持续上涨的心理预期，也会出现这种情况，但主要集中在生活必需品上。

所以我说："这种商品是一种特殊的商品，一般都是指那些缺少其他替代品的商品。"

服务员又问："还有补充吗？"

我一愣，原来都知道。

麦力说："我想可能还有一种情况，那就是在物资紧张的时候，比如大的自然灾害，或者战争时期。"

我说："但是那时候的汽车恐怕降价也没人要。你说的物资是不是太笼统了？"

"的确，应该说是生活必需品，越涨价说明这类物资越缺乏，所以大家就更积极地购买。"

服务员说："我想你们已经基本说明白了。"

后来才知道其实麦力和我一样，对经济学一窍不通，只是顺着思路"猜猜"而已。

这时我想起另一件事："麦力，我们想要吃饭怎么办？是不是也要答题？"

"当然了。刚才不是告诉你了吗，这里的货币就是'回答问题'。"

我还是先睡一觉吧。

第二天一早，我们用两个"回答"换来了一顿丰盛的早餐。

出了宾馆，天气真好，今天可要好好找几个问题，多买点贵重物品。可是麦力却催着我跟他走："我先带你去城堡的后花园。"后花园？那是个什么地方？有东西赚吗？

这时我的电话响了，是公司总部打来的。"你的返程机票已寄去，大后天启程没问题吧？"

"你们都把机票寄来了，还要问？有问题，能不回吗？"

"对不起，不能。"

"好了，现在你帮我一个忙，查查我在什么地方。"

只听那边敲击键盘的声音："找不到你的位置，难道你迷路了？"

"没有，谢谢，再见。"

我明明记得带的是那部全球定位的手机，难道又搞混了？我决定回去就把这个手机扔了。

我们骑上马，向城堡深处走去。渐渐地，街道变成了乡间小路，社区换成了农田，电线杆被树木取代。啊，太美了，空气如此清新。

我们边走边聊，慢慢地我才知道，原来麦力来过几次，对城堡比较熟悉。但是到了城堡的后花园，他发现这里的人都不跟人说话，几次都没明白到底是怎么回事，镇里的人对此也"神秘兮兮"。麦力这次约我来就是想探探究竟。哈哈，原来我在这位同行眼里还是挺受重视的。我会努力的，麦力！

我们将马拴在村口大树上，徒步走进后花园。只见弯弯曲曲的道路两旁房屋建得错落有致，门口都种有花草，居然又看到好几朵翩翩起舞的"跳舞花"。

门边、树下、小院里到处都是年轻人，不过都是独自一人。有的静静坐着，有的来回踱步，有的眉头紧皱，有的低头发呆，有的仰头叹息，有的自言自语，有的大呼小叫，还有的躺在躺椅上半睡半醒……我简直看呆了！

我们走进一个小院，主人也不理睬，仍自顾自地看书，有三个小孩子在屋外空地上坐着争吵不休。麦力走进去自己倒了两杯茶，递给我一杯。没人管？

我想小孩子可能会好说话一点，就走到他们身边。"小朋友，你们好。"没反应。

"你们在讨论什么呀？"没回答。

"能告诉我吗？"没动静。

"也许我能帮你们。"没回应。

"也许……"都走了。

我回头看见麦力摇摇头，看来又是在重复他的经历了。

我把躺椅搬到一棵树下，眯着眼躺在上面，舒服极了。

让我再整理一下今天的经历。

通行悖论

弗朗茨·卡夫卡（Franz Kafka）的《城堡》有助于对此规则的理解。其实现实生活中比比皆是，只要大家留意，就能发现这样的有趣现象。

商品悖论

来自经济学中的吉芬商品（Giffen Goods）。用经济学的术语来说这个问题就是：需求的价格弹性是负数。意思是需求与价格呈相反的变化，价格上升需求下降、价格下降需求上升。但是吉芬商品却不是这样，它的需求价格弹性是正数，结果如本书中所描述的。经济学中还有许多类似的问题，如杰文斯悖论（Jevons Paradox）：效率的增长会导致更大的需求增长。当然，要想更好地理解这些问题，就必须具备一些经济学的知识。

第四章

城堡的后花园

一、思考的秘密

当我静下心来认真琢磨时，得出这样一个结论：他们一定在思考什么大秘密。可这是一个什么秘密呢？竟会令人像是着魔一般。

我坐起来，看见麦力靠着一株大树快睡着了。"麦力，我想到一个好办法。"

麦力一下跳了起来："什么办法？"

"我还以为你睡着了呢。他们不是不跟咱们说话嘛，现在咱们找一个自言自语的家伙，听听他在说些什么。你看怎么样？"

"对呀，我以前怎么没想到。"

说做就做。

我们终于看见一个20岁左右的年轻人在独自唠叨着什么，于是赶紧绕过一片西瓜地，逐渐靠近他。我和麦力也不说话，像是没事人一样，只是竖起耳朵仔细听。

只听年轻人嘀咕着："我怎么这么笨，连这么简单的问题也要想半年，我还有没有希望？"到底是什么问题快说出来呀，我俩比他还着急。

"怎么可能呢，学的东西越多、知识越多，人反而更无知了？为什么？"什么越多就越无知？他在琢磨什么问题？

"一个圆大，一个圆小。一个圆大，一个圆小……"

麦力忽然自言自语道："一个圆比一个圆大，一个圆比一个圆小，嗯，原来是这样。"

那个年轻人抬眼看了麦力一眼，向远处走了几步，没理我们。麦力接着说："对，就是这样，如果这个圆大一点，那么另一个就……对，没问题。啊，歇一会儿。"然后走到我跟前背对着那个年轻人，"哎，那家伙过来没有？"我的余光看见那个年轻人犹豫着想过来，又停下了，就赶紧对着麦力大声说："对呀，你怎么想出来的？太奇妙了。"然后我们压低声音，假装议论着什么，不时地表现出喜悦的样子。那个年轻人终于忍不住了。

"两位好。"

"你好，"然后我和麦力继续讨论，"你的问题想得怎么样了？"

"差不多有结果了。"

年轻人按捺不住："请问两位思考的问题一定很难吧？答案通过了又可以晋级了，真是恭喜呀。"

麦力赶紧说："多谢多谢，同喜同喜。看你的样子也差不多了。"

"唉，别提了，这一个问题都快半年了，几次想出的答案都被驳回了。再这样下去，我是没什么希望了。"他的意思好像是说，问题都是从某个地方传出来的，回答成功的会增加级别，然后最终能得到什么东西。可是我们什么都不知道，怎么跟他周旋呢？

这时麦力说："其实我的问题也折磨我很长时间了，不过这位朋友是从一个遥远的国家来的，我就与他讨论了一下，没想到居然找到了思路，真是万幸。"我和麦力交换了一下眼神，意思是我什么时候和你讨论过问题，万一被人戳穿了怎么办？可是麦力不管我的暗示，接着说："这位朋友的思路与咱们大不相同，也可能是咱们太执着于答案了，或者就是当局者迷吧。反正他也不会争什么级别，你要是愿意，可以与他交流交流。如果不方便，我可以回避一下。"

"哎，不用回避，不用回避。我知道我的级别一定没您高，只是大家都忙着想自己的问题，争取升级，哪还顾得上提携后进。难得您愿意帮我，我高兴还来不及呢。"年轻人原来也挺喜欢交流的嘛。

麦力低头沉思了一小会儿："那好吧，你就给这位朋友说说吧。"

我忙说："不敢、不敢，大家一起交流、探讨。"我其实是生怕提不出任何建议，这可令人家大失所望了。年轻人邀请我们一起到他家坐下慢慢谈，好吧，既来之则安之。

年轻人名叫索斯，我们跟着他上了阁楼的二层，从这里可以看到后院种的茶，他们还自己磨咖啡。我还是习惯喝茶，没想到索斯对茶道居然也蛮有研究的。

他听说我爱喝茶，就下楼从储藏室里拿出一个大包来，拆开两层塑料纸，揭掉封缝的胶条，打开大铁罐的盖儿又一个盖儿，然后取出一些茶叶让我看看怎么样。我一看，颇像我国福建产的银针白毫："这很像我们国家一个地方产的茶叶，我们叫它银针白毫。不知是不是？"索斯高兴地说："不错，我们就叫作银针。听老人说原产于国外，不知道是不是你们国家，但看来差不多。你们等一下。"

麦力笑笑说："他可是找到人说话了，又不知拿什么好东西去了。"

一会儿索斯回来了，手里拿着一套茶具，"你看这套茶具怎么样？"我一看，对刚才的白毫又多了几分信心："这个应该是黑瓷，也曾在我国一些地方盛行过。黑盏配白茶，绝妙呀！"据说黑瓷茶具在我国宋代时盛行于福建一带，而银针白毫又产于福建，所以我想也许这个地方的确有前辈曾经去过中国。于是三人就边喝茶边聊了起来。

二、大圆与小圆

知道得越多就越无知。

——知识悖论

索斯迫不及待地说："我在半年前得到的问题是：一个人知道得越多就会越无知。"

原来是这样一个故事：曾经有一位非常博学的人，在别人眼里就没有他不知道的事，所以大家如果遇到什么解决不了的问题都会来请教他。可是有一天他的一个学生却发现他独自唉声叹气，不知为何事发愁，于是就问他为什么不高兴。

他说："你们有问题就来问我，其实只有我自己知道我多么无知。"

学生感到很奇怪："老师，大家都知道你是最博学多识的人，你怎么说自己无知呢？要是连你也是无知的，那我们不是更一无所知了吗?"

老师随手在地上画了两个圆,一个大一个小。他说:"大圆里面是我的知识,小圆里面是你的知识。我的知识的确比你多,可是你知道圆外面是什么吗?"

那个学生说:"圆的外面?什么都不是呀。"

老师笑了一下说:"其实外边就是我们不知道的事物,你看哪个圆的周长大?"

"当然是大圆了。"

"没错,你看,它接触的未知事物是不是更多?"

"啊,对呀!可是我还是不太明白,为什么知道得越多反而越无知了呢?"

索斯就是要解决这个问题,为什么知识越多反而会越无知?

麦力说:"按理说,知识越多当然无知的就越少。可是这位老师的比喻也很恰当,的确是大圆所接触的未知事物更多一些。但是难道知识越少反而更'有知'吗?"说完两个人都把目光转向我。

我也有些奇怪:"在我们国家有句俗语'书山有路勤为径,学海无涯苦作舟',如果到头来还要变得'更加的无知',我们不停地'苦作舟'又图什么呀!可见在这个比喻中一定存在某些不对的东西。"

索斯和麦力都点点头表示同意,可是在什么地方出了问题呢?

索斯说:"我这半年都在想这个问题,明知道这种说法不对,可就是说不出来。但我觉得应该是这个圆周的比喻有问题。圆周越大——知识就越多,这没问题,但是如果外面是未知的事物——那么的确就知道得越少了。"

麦力问:"为什么就越少?"

"未知的东西越多,当然知道的就越少。"

一点灵光在我的脑中闪现："好像不对……"

索斯激动地望着我："怎么不对？"

我努力地集中精神试图抓住那一点灵感。我们三个人都安静下来，各自琢磨起来。

我努力地在想："为什么一个人未知的东西越多我们就会说这个人越无知？我们是根据什么作出这样的判断的呢？……我们说这个人越无知，难道这个人就无知吗？……谁来决定一个人是不是无知？有什么确定的标准吗？……反过来也是，谁能决定一个人是有知的——博学多识的？我们是谁，怎么能作为裁定者呢？……别人怎么能知道另一个人是不是有知，就好像别人怎么知道我是无知还是有知呢？有知与无知的界线在哪里？如何确定这条界线？……什么是这里的标准？……老师说'我的知识比你多'——老师还是承认了自己的知识多。这是一个标准。……'所以我比你无知'——这是因为'我接触的未知事物多'。'我接触的未知事物多'——那么老师是知道自己接触了未知事物，也就是说老师知道存在这些未知事物，虽然并没有掌握这些未知事物。……而学生因为知识少，反而接触的未知事物少，结果反而不无知？……"

我喘了口气："未知的东西多并不意味着知道的少！用数学的语言描述就是：它们之间的关系并不成反比。"

我不知道自己想得对不对，但是为了不要忘记这个思路，我赶紧告诉了他俩。

麦力说："问题似乎出在我们怎么理解'有知'和'无知'上。"

索斯也说："没错，什么才是两者的标准呢？"

我们三个人赶紧拿出一张纸，试着描述一下。把这张纸当作所有的知识，再画一个圆，圆的里面表示我们已经获得的知识，外面表示我们还不知道的知识。这就是故事中老师讲的意思了。他说由于圆大，所以接触的未知事物就多，这没错；他又说，所以就更无知，这就不对了。知道未知的事物多并不等于自己知道的事物就少，而"无知"并不是对自己已经拥有的知识的评价标准，所以我们不能用未知事物的多少来衡量已知事物的多少，而只能用已知的事物作为标准来衡量。

好比说，一个人知道的所有知识另一个人都知道，而第二个人又知道一些第一个人不知道的知识，那么我们就可以说第一个人比第二个人"更无知"。我们不能拿一个没人知道的事来衡量谁无知，比如外星人是否存在？在这个问题上每个人都显得很无知。但是如果一个人知道自己对这个问题很无知，或者知道这个问题不是自己能解决的，并不能说明他就会比另一个根本不知道这个问题的人更"无知"。

让我们再回来看手上的纸，这里一定要记住千万不能把圆的周边作为"无知"的多少，真正的无知是那个封闭的圆周线以外的整个空白。

我们三个作出最后的总结：在这个奇怪的比喻里我们不知不觉地用了两个标准，一个是有知——这个标准是相对的，即不同的人之间经过比较后才能说谁的知识更渊博，比如现在多以一个人受教育的程度来衡量这个人的知识量，这是社会定的一个标准——用于衡量一个人掌握了多少知识的标准。当然这个标准并不是衡量一切知识的标准，而只是"有知"标准中由某个社会制定的或者是约定俗成的一个标准；同样的道理，不同的社会用于衡量"有知"的标准也是不完全相同的。

但还有另一个标准，衡量"无知"的标准——这个标准是绝对的，即它是不能被制定出来的。原因是"无知"的事物是无法计算的，因为如果对人类来说是"无知"的事物，那么我们就不可能知道有哪些、有多少事物属于"无知"。假如说我们能制定一个衡量"无知"的标准，那也意味着我们已经知道了这些"无知"是什么，剩下的问题就是如何解决这些"无知"了，那么这些事物就不是"无知"的了。

这也令我想起爱因斯坦曾说过类似的话：提出一个问题往往比解决一个问题来得更深刻。因为提出一个问题实际上就是从"无知"向"有知"迈进了一大步，而解决一个问题则是从"知之不多"向"知之甚多"前进了一步。

索斯还提到一个理解的角度，即一个人的知识越少就越无知绝对不会变有知的，而一个人的知识越多也未必就不无知，此时的有知是相对的。我想这大概也表示了人类认识的有限与认识对象的无限之间的关系。

在上面的比喻中老师其实用了两个标准：已有知识的标准——大圆的面积大——我的知识比学生多；未知事物的标准——大圆接触的未知事物更多——老师更无知。

我们不停地努力，就是为了变得更加有知。

不过这个问题也许还有别的意思，比如做人要谦虚，或者是一位智者想告诉人们：当你感到未知的事物逐渐增加的时候，不要苦恼更不要奇怪，因为你变得更博学了，你头脑里的知识更多了。

我们三个为"更加无知"干了一杯！

三、斯泰罗先生

索斯很激动，可是也略带犹豫。

索斯说：“你们帮我想出答案了，可是我不知道长老会能不能通过。”

麦力问他：“你是不是还怀疑答案不对？”

“不是，我是担心长老会如果知道不是我自己思考得来的，那他们就不会让我晋级了。”

“你可以不告诉他们呀。”

“不行，我不能骗他们。”

麦力的脸红了一下。

我急忙说：“如果他们不给你晋级，结果会怎样？”

索斯说：“也没什么，他们会给我出一个同级的问题，但那样我就不能获得更高级的问题了。”

“更高级的问题？那是什么问题？”

索斯奇怪地问我：“这位先生没告诉你吗？”说完看了看麦力。

“没有，”我解释道，“我以为这是你们的秘密，所以就没敢问。”

“其实也没什么，”索斯说，“晋级后长老会会出一些更难的问题让我们解决。”

“然后呢？”

“没然后了，就是不停地思考各种问题。”

“可是为什么要这样做？难道没有任何目的？”

索斯笑着说：“我真的不知道还有什么目的。难道思考不能是目的？”

“我没别的意思，只是觉得有些奇怪。”

“难道你们思考会有其他的目的？”

“呃，好像也没有什么其他的目的。”

索斯想了一会儿：“这样吧，咱们去问问斯泰罗先生，也许他知道得更多一些。"

"这位斯泰罗是谁？"

"他是除了长老会成员以外最高级别的人了。"

这时麦力终于插上话了："对，咱们去找他问问。不过我以前从没跟他说过话。"

索斯说："没关系，他最近也陷在一个问题之中，很少跟人说话，不过也许你们可以帮助他。走吧。"

我此时真的很担心，不知道这个村子里的人要是知道我们两个的真实身份会出现什么情况，但从与索斯的接触看，大概不会为难我们吧。

斯泰罗先生的住处离这儿也不太远，走了十几分钟到了一个小院，院子里有四五间屋子，很雅致。索斯先进去通知一声，大概过了 20 分钟的样子，我想索斯一定将我们相见的前后经过和解决问题的谈话大致告诉了这位斯泰罗先生。

斯泰罗先生是位 40 岁左右的中年人，两眼充满了智慧，但我觉得其中含有淡淡的忧愁。

"两位请进！索斯，麻烦你去帮客人倒点水。"

"好的，我就来。"

我们坐下，一时不知该说什么。

只听斯泰罗说："两位并不是本村的人吧？"

我的感觉倒还好，不过刚才麦力装成好像是村子里的人，现在就有些不好意思了。我接过话说："斯泰罗先生，我们并非有意冒犯，这位麦力先生也曾来过贵村几次。他是希思城的人，也算是这个城堡的邻居了。我们只是想来转转，没有其他的意思。"

斯泰罗笑着说："没关系，我很欢迎两位的到来。其实我们村子里的人也不是排斥外人来，只是大家都在思考自己的问题，没时间也没心思跟外人说话。"

麦力这时感觉舒服多了："斯泰罗先生，您能陪我们说话，真是太感激了。其实我来过几次都没跟村里人说过话，有很多事感到很奇怪，所以每次来都想弄明白。如果打搅了您或者有什么不便说的，我们也不会不知趣的。"

这时索斯端着两杯当地产的一种果子榨的果汁走了进来："我说呢，刚才想了半天也想不起来见过你。我还以为自己发晕了。"

麦力急忙站起来："实在抱歉。"

索斯连忙拉着麦力坐下了："我们还是先问斯泰罗先生问题吧。"

"问我问题？索斯，你不是看我太悠闲吧。"

索斯解释说："不是像长老会问的那类问题，你就放心吧。我刚才不是大致给你说了吗，如果我告诉长老会我的问题是别人帮助解答的，我还能不能升级了？"

斯泰罗说："很可能不能。"

索斯顿时默不作声了。

我就问："是不是永远不能升级了？"

斯泰罗说："那倒不会，只是要重新回答一个同级别的问题，如果通过了，仍然会晋级的；另外长老们还会看你的回答，他们并不会拒绝别人的帮助。其实我们更看重答案的质量，这也是晋级的本质。你不必太沮丧，索斯，你的时间还长着呢。唉，我就不一样了。"

索斯看着斯泰罗："你还剩几个问题？"

"这个问题我已经想了大半年，眼看时间就要到了，看来是没有希望了。近十年只有一个人进入长老会，真是令前辈们失望呀！"

麦力和我都是莫名其妙，急着想问可是又不好打断。斯泰罗呆了一会儿，才想起我们还坐着："我们一起吃午饭，慢慢说吧。等会儿我的妻子就回来了，让她给你们做我们这里特有的一道菜。"

麦力和我交换了一下眼色，我们的心里都踏实多了，这次终于可以知道这个村子的秘密了。

四、村子的秘密

斯泰罗先生似乎知道我们有很多问题要问似的，他说："你们有什么想知道的尽管问吧，只要我知道，一定会告诉你们的。"

我的问题比麦力还多，所以抢着问："为什么村子里都是老人在干活，年轻人闲着想各种奇怪的问题，孩子和妇女也都去干活了吗？"

斯泰罗点点头说："我就给你们讲讲这个村子是怎么一回事。从我们的先人定居于此到现在大概已有十几代人了，村子前面的城堡也是大约一百年前建成的。我们这里从祖上就留下一个习俗，所有在10岁至45岁的居民，都只做一件事——就是思考各种问题。如果45岁以后还没有进入长老会，就从事劳动，不再思考任何问题。"

麦力问道："那城堡里的年轻人不是这里的居民吗？"

斯泰罗说道："由于年轻人的天赋不同，大概在15岁时如果没有通过考核，就到城堡里从事收集工作。"

我奇怪地问："他们只是收集各种问题的答案？"

"是的。这些问题有的是来自外界，有的是长老会自己编出来的。

其实很多题目并没有标准的答案，只要对问题的回答具有创新或者可以解释得通，并且挑不出明显的矛盾就都可以接受。"

"如果能确定回答不正确，但思路上有创新，也能接受吗？"

斯泰罗略带欣赏地说："你很聪明，城堡里的人所做的就是这个目的。"

"可是为什么要收集这些东西？它们并不能带来维持生活的财富，并且还要为此付出城堡和村子积累的物质财富。"

"我们这里的资源独特，并且年年丰收，所得足够维持生活的正常运转。"

麦力接着问："为什么进城的时候必须有通行证？难道你们是有计划地选择进入的人员，或者是排斥某些人？"

"我们基本上不排斥外人，但考虑到我们的目的是收集问题的答案，并不是一般的旅游或者赚钱，所以我们也希望是我们知道或了解的一些人进入，而不是随便的游人都可以进城。因为在城堡修建以前也曾来过游人，大约是对我们的生活有不利的影响，所以才修建了城堡，希望能让这个村子保持一个利于思考问题的环境。"

"抱歉，可是为什么要收集问题的答案呢？"这是我最关心的问题，可是刚才斯泰罗忘了回答。

"其实我也不清楚，在没进入长老会之前，恐怕没人知道。长老会的成员是那些不受年龄限制可以一直思考下去的人，他们大概也不会回答这样的问题。"

"这一定是贵村的秘密。"

斯泰罗欲言又止。这时斯泰罗夫人已经将午饭做好了。斯泰罗说的这里特有的一道菜叫作"花朵"，因为菜就像一朵一朵的花，外面是一种果子的外壳，里面是花瓣，花瓣里面包着一小团不知名的东西，味道芳香，入口而化，略带苦味，却回味无穷。后来我就再没吃过"花朵"了。

斯泰罗吃完饭要休息半个小时，所以我们和斯泰罗约好等会儿再来讨论问题。当然斯泰罗并没对我们抱多大希望，我想只是出于放松一下的目的。

索斯邀请我们先到他家坐一会儿，在去索斯家的路上我才想起来，好像我和麦力已经来了很久了，怎么刚到中午呢？麦力也说不出原因，索斯更是毫无概念。麦力又想起我们来时将马放在村口了，于是我们先到村口将马牵到了索斯家。

令斯泰罗苦恼不已的一个问题是他已经快45岁了，严格地说，如果现在他思考的问题在两个月内还找不出答案的话，他就不得不永远失去进入长老会的梦想，而这个梦他已经做了近35年。斯泰罗是近十年来最有希望进入长老会的人了，自从小肯特姆在十年前进入长老会后至今还没增加一个新成员，小肯特姆那年33岁，是这个村子有史以来入会年龄仅次于前人微谷的杰出人物。

索斯说："斯泰罗先生，这两位虽然来自外界，并不像我们整天思考奇怪的问题，但也许正是这样才具有启发性的角度或思路呢！"

这时我忽然有一个问题："不好意思，我还有一点不太明白，能不能请两位指点？"

"没关系，你说吧。"

"难道村子里的孩子从小就开始思考问题吗？"

"对，10岁开始。"

"可是他们什么都不学就开始思考吗？"

"噢，那倒不是。村子里有一个学校，还有一个藏书楼，村里的人随时都可以去，现在我们也可以去学校学习。"

"由谁来教呢?"

"有原来的长老会成员,也有级别较高的村民。大多依靠自学,这些人负责指导,有时也讲课。"

麦力又问道:"长老会成员也会被淘汰吗?"

"不是被淘汰的,因为在长老会里还要继续思考许多问题,有些人自觉能力不够就主动退出,做新人的指导老师了。"

"原来是这样。"

我现在最想见的是长老会的成员,因为最神秘、最令人琢磨不明白的事好像只有这个长老会才能解答。

五、两个算盘,谁是谁非

如果我输了,我不用给你学费;

如果我赢了,我也不用给你学费。

……

——诉讼悖论

麦力和我都很想知道困扰斯泰罗的是什么问题,可是斯泰罗没有接着说下去,如果我们问他,就像是我们能替他解决似的,所以我俩只能看了看索斯。

索斯说道:"斯泰罗先生,说说你的问题吧,也让我见识见识。"

斯泰罗于是给我们介绍了他的问题。

从前有一位老师,他有一个规矩(你看问题都出在古怪的规矩上,不过不古怪的规矩也可能出问题,因为不存在"绝对的规矩"):跟他学习法庭辩论(类似现在的律师)的学生可以先不交学费,如果他毕业后的第一场官司打赢了就得付学费,否则不用付。可是总有一些"聪明的学生"会想出一些办法为难他的老师。

结果这个老师的一个学生在毕业后做的第一件事就是与老师打一场官司。目的:我不想交学费,想赖账。可行性:利用老师自己定的规矩。打的小算盘:如果我赢了,按法官判决我不用交学费;如果我输了,按老师的规矩我也不用付学费。老师积极应诉。目的:收回我该得的学费。可行性:我自己定的规矩。打的大算盘:如果我赢了,按法官判决我收回学费;如果我输了,按我的规矩我还是收回学费。哈哈,老师就是老师!

如果你是法官,你会怎么办?

斯泰罗说:"如果判老师赢,目的是想让老师得回学费,但按他自己的规矩,他就不能收回学费了;如果判学生赢,按判决学生仍然不必付学费。但是反过来,要是不想让学生交学费,就要判学生赢,但按老师的规矩,他必须付学费;要是判老师赢,按判决他还是要付给老师学费。对法官来说,结果似乎总是事与愿违,而老师和学生也各执一词,都是对自己有利的结果。"

索斯说:"作为法官是不是只有唯一的选择?"

斯泰罗想了想:"在这里似乎并不是只有唯一的选择。但是无论怎样判决,总能得出与目的相反的结果。"

麦力也插话道:"但也有可能总能得出与目的相同的结果。"

斯泰罗有些激动地说："你说的是总能一致？"

"对，我们看：判定老师赢，按判决学生要付学费，判定学生赢，按老师的规矩学生仍然要付学费；另一种情况，判定学生赢，按判决学生不用付学费，判定老师赢，按规矩学生也不用付学费。这样不就与最初的目的相一致了吗？"

"还是有问题，"我发现其中有一个怪圈，"麦力说的其实就是最初老师和学生对自身状况作出的判断，但是对法官来说仍然存在两种结果。"

我想斯泰罗已经想了那么长时间，这些可能不知已经想了多少遍，问题一定不是出在这些地方，而应该出在一个更基本的地方。就好像如果我们根本不识字就不可能看书一样，如果一个基本的问题没有解决，那么建立在这个基础之上的问题就不可能被解决。

思考问题的时候，时间总是过得很快，不知这是怎么回事。

我们四个人讨论了一会儿，说来说去结果却总是绕来绕去。不知不觉，夜色已降，晚饭过后大家又各自思考去了。

一夜无话。我想每个人都会睡不着吧，尤其是斯泰罗、麦力和我，因为我们都想由此解开各自的心中之谜。我的时间更紧，可是这里的"谜"要比回去更吸引我。

我告诉自己安静下来，耐心地思考，先找出一条线索，哪怕是绕来绕去，先把它理顺了，记住在思考问题时一定要有一条清晰的线索，即使这条线索并不一定是正确的。渐渐地，一条线出现在我的脑海中，逐渐清晰了起来。

天空很快亮了，就像我在希思城时一样，这里的夜真的很短。

大家见面后，斯泰罗说的第一句话是："也许这个问题的答案是变化的，也可以说根本没有答案。"

索斯问道："为什么？"

斯泰罗说："之前我没有这样想过。昨天索斯问我法官是否只有唯一的选择，后来我想法官的选择是依据法官自己而不是依据老师或者学生。麦力先生说的虽然我以前也想过，但我总囿于解决前后矛盾的说法，反而忘了这种可以相一致的可能。"他又转向我说："同样，你说如果如此思考对法官就始终有两个互相矛盾的结果，所以我感到也许我以前的想法过于执着于寻找到一个确定的答案。可是答案却未必就是确定的。"

索斯、麦力和我表示同意。

我们共同分析的结果如下：

决定输赢的因素：法庭判决；决定是否付学费的因素：一、法庭判决；二、老师规矩；导致混乱的判决因素：输赢的相对性，即老师赢也就是学生输、学生赢就是老师输。

学生的道理：按判决——学生赢——不付学费；按规矩——学生输——不付学费。

老师的道理：按判决——老师赢——付学费；按规矩——老师输——付学费。

进一步分析：一、老师与学生各有两个起点，这不可行，因为起点必须是同一个；二、支付学费的标准也有两个——按判决和按规矩，不行，标准只能有一个。问题是谁来定起点，谁来定标准？实际上真正的起点只有一个，即判决。因为没有判决之前就不会有输赢，也就谈不上再依据规矩办事了。

判决是法官的唯一起点。

法官的道理：判决——老师赢——付学费；判决——学生赢——不付学费。

如果师生一定要依据规矩，则结果是：

判决——老师赢——按规矩——不付学费；判决——学生赢——
按规矩——付学费。

对于师生两人来说，如果仅仅依据法官的判决，那么结果是明确
的，但不会是各自预料的必胜的唯一结果。至于法官会如何作出最后的
判决，那也许要看是哪个时代了，毕竟不同的时代有着不同的"尺度"。

也就是说，无论法官作出怎样的判决，结果只能有一个；无论老
师和学生依据判决和规矩中的任意哪个作为标准，结果也只能有一个。
他们的混乱在于交替使用判决和规矩作为依据。

我们谁也不知道答案是否会被长老会通过，但是斯泰罗真的很高
兴，他请我们喝他家自酿的酒。我和麦力都没见过，就不去管它了，
大概以后也不会有机会喝了，又何必知道呢？

"只存在一次的东西就好像从未存在过。"我想这句话用来形容这
件事大概是很合适的。

斯泰罗决定下午就去长老会说明结果，如果不能通过，他也就
不再思考下去了。这是一个自信还是痛苦的决定，我不知道。我只能希
望这个答案足以使斯泰罗进入长老会。

六、城堡中的大殿

索斯觉得麦力和我也许有进入长老会的能力，其实这与能力无关，
因为我们没法将生命全部献给思考。至今我仍然不知道如何回答索斯

随后所问的："那你们把生命献给什么？"

一个小时就快过去了，我们正在院中焦急地等待，远处传来了斯泰罗的声音："你们快出来。"

看着斯泰罗一脸的笑容，我们感到快乐，为斯泰罗，为他的梦想。

斯泰罗把我们带到后山坡。地势较低的一块平坦开阔之地上，一座雄伟的大殿会令人以为到了古希腊的神庙，周围郁郁葱葱的树林里不时有小动物的身影闪过。

我们不由得放慢了脚步，斯泰罗说："这就我们的长老会所在地，已有近两百年的历史了。"

大殿内并没有想象中的华丽，或者应该说是过于朴素。

六位长老中最年轻的长老——小肯特姆站起来说："我代表海德村长老会和村民欢迎两位的到来。听斯泰罗介绍了两位来此的大致经历，我们非常高兴，同时也非常感谢二位的帮助。"

麦力也许忘了告诉我村子的名称："我们一定打扰了各位，不过的确没有恶意。至于说帮助，实在是不敢当。"

小肯特姆说："无论如何，斯泰罗已经被正式接纳进入长老会，我们不仅为他的到来感到高兴，同时也希望能与二位一起交流。"

这也太开门见山了，上来先是讨论问题，难道你就不能歇一会儿吗？不过我心里的谜团，大概也有机会打听打听了。

"其实他们也有些问题想问，只是我也不清楚，希望长老们能给他们解释解释。"斯泰罗真是君子。

最年长的长老说："可以，两位请问吧，我们会尽量回答的。其实这个村子并没有什么不可告人的秘密。"

我想了想，其实最关键的只有一个问题："我很想知道这里的人为什么要不停地思考问题，而不做其他任何事？难道这就是生活的全部意义？"

麦力也说："这一点也是这里与外界最不同的地方。"

大厅顿时安静了下来，只剩下每个人轻轻的呼吸声。

时间，嘀嗒嘀嗒……

索斯打破安静说："刚才你们不是也说，这里的人将生命献给了思考吗？"

几位长老都将目光射向麦力和我。我说："是的，我是这样认为的，不过我并不知道原因，为什么会这样？至少在来这儿之前，我想不到世上会有这样一种生存的态度或者说是生命状态。"

年长的长老说："我们无法回答这个问题。"

小肯特姆接着说："并不是我们不愿回答，而是我们自己也不知道，就好像我问你们'为什么你们会那样生活，难道那就是生活的意义'一样，我想你们也无法回答。因为这是一个更高层面的问题。"

"更高层面的问题？这是什么意思？"

"就是说如果我们是被上帝创造的，那这个问题应该属于上帝而不是我们。"

"如果人并不是被创造出来的，而仅仅是自然界的产物呢？谁来回答这个问题？"

"我以为至少不是人类自己。我不知道是谁。"

的确，这是一个没有答案的问题，换句话说，这个问题可能根本就不是问题，只是一个语言游戏，是语言可能存在的一种组合形式而没有任何意义。

我从来没像此刻这么玄思过，我更喜欢实实在在的东西，至少那样会令人感到一丝安全。语言的习惯同样能给人安全感，这大概是每个曾经游历过的人都能体会到的吧。

放下这个过于虚幻的问题，我注意到年长的长老有一个中国式的名字——钱思哲。

长老们带着我们参观了整个大殿，只有一个小厅的门锁着，没有人告诉我们那是干什么用的，如果他们知道，我想他们不会避而不谈的，也许这就是永不可知的"天机"所在。

回到大厅，长老们终于说出了他们一直在思考的问题：我们的过去真的是这样吗？

每一个进入长老会的人都做好了迎接更奇怪、更不可想象的问题的准备，他们知道自己未来的时光就是陪着这些问题度过，唯一的终点是自己主动退出。可是斯泰罗以及所有在他之前来的长老们，当然还有麦力、索斯和我都没有想到，长老会面对的其实只有一个问题：我们的过去，我们的过去是怎样的，是不是像现在一样；如果是一样的，那它是如何形成的，如果不是，那现在又是如何形成的？

小肯特姆告诉我们之所以要在45岁以后，或是级别够高以后才来思考这个问题，是怕过早接触到的人无法坚持思考下去，这个规定就是想保证始终有人来思考这个问题，很大程度上是用一个人最初的三十几年的生命来习惯后半生的生活方式，这岂不是一种残忍的欺骗，可是当我们意识到这个问题的必要性时，我们已经无路可退。

思考这个问题也许是违背神的意志的，但我们已经无法停止。

我静静地听着小肯特姆的话，内心一阵激动，似乎生命变得更清澈了一些，可是那种太过抽象的语言又令我怀疑这种思考的多余。奇怪的是，正如他说的，当一个问题出现在我们意识中时，我们已经很难拒绝它了，唯一的路竟然也成了一种宿命，因为我们不得不走下去——沿着这条谁也说不清的路。

但是这个问题太大了，思考过去就是怀疑它是否曾经真的存在过。

麦力终于问了一个可能触及每个长老内心的问题："你们何以会产生思考这个问题的想法？"

钱思哲说："在这个大殿建成时，并不是为了长老们聚集在这里面思考这个问题的，而是作为大家讨论学习的地方，实际上就像一所大学校一样。但是后来出现一位年轻的长老，他叫微谷，他提出了一个问题'我们何以是现在这样生活，而不是其他的模样'。从那以后，这个问题没人能解答，就连微谷本人也没做到。没人会认为自己可能超越微谷，仅仅是能回答出这个连微谷也无法解决的问题对一个人来说就已经足够了。"

既然如此，我想我和麦力都是无能为力的了，我们大概也该走了。这样的问题别说解决，就是弄明白是什么意思恐怕也不是一两天能办到的。可是麦力好像还没有走的意思，他到底想干什么，难道想要解决这个问题吗？

麦力说："你们唯一的问题实际上是在怀疑自己的历史。"

我觉得我问他们的问题是想问存在的意义，而他们的问题却是为什么有此存在。

除此之外我也没什么可说的了。我们真的该走了。

知识悖论

这个悖论有很多说法，大概是源于古希腊，故事中的具体人物可能是出自后人的杜撰，但问题却是一样的。

诉讼悖论

罗素在他的《西方哲学史》中提到过这个问题。故事中的老师叫普罗泰戈拉，但罗素认为"这个故事无疑是杜撰的"。故事可能不真实，但问题却是实在的。

第五章

希思城

一、透明的审判

"你们将独自做出选择。"

——博弈悖论

与长老们告别，斯泰罗和索斯送我们出了村子。虽然我们答应索斯再来喝茶，答应斯泰罗再来聊天、喝他自酿的酒，但我心里知道这样的机会恐怕不会再有了。麦力和我走出村口时，我禁不住留恋地回头望了望海德村，此刻它就像一幅美丽的梦景，而梦就快醒了。

我们来不及返回希思城，回程的机票是作废了，不过我挺高兴，甚至还想再待几天。

我们不得不又回答了两个问题才得以住下。麦力问我是不是还想去街上赚点东西，我只想赶紧吃饭然后睡觉。这两天我的精神似乎被什么东西给吸走了，感到从未有过的疲倦。

第二天我们返回希思城已是午后了。刚到希思庄园就接到服务员递给我的快件。是公司总部寄来的，一定是飞机票，反正也已过期了，就没打开。我给麦力说还想在这儿待两天，反正我的休假还没休完。

麦力答应一会儿来找我，陪我转转希思城，他要先去一趟市政府。

麦力很快就回来了，问我去不去参观一场审判。我奇怪地问："审判有什么好看的，干吗还说是参观？"麦力高兴地或者说略带激动地说："今天可是我们希思城最著名的审判官——数学家奥菲利亲自主持。"

"没搞错吧，数学家审犯人？你们还很激动？你们的法律可够奇怪的。"

"走吧，去了你就知道了，这可是现代数学家对社会作出的伟大贡献。"

"还是随便转转吧。"

"我无所谓，反正以后还有机会，不过你可是连后悔的机会都没有了。"

听麦力一说，我还真有点好奇了，麦力不会开这种无聊的玩笑。"好吧，什么时候去？"

"现在就走吧！"

真没想到会有那么多人来参观审判，大屋子里挤满了人。我们能通过一面很大的透明玻璃看见被审讯的两个人，而他们看不见外边的人，除了一个通话器传声外两面是互相隔绝的，两个嫌疑人也是分别关在两间相互隔离的审讯室里。数学家终于来了，这位叫奥菲利的数学家给我的感觉更像一位学究，略显单薄的身体似乎一直经受着病痛的折磨，不过那双炯炯有神的眼睛令人顿生敬意，下面的时间就属于他了。

他清了清嗓子，通过传声筒对其中一个嫌疑人说："如果你坦白交代，而你的同伙否认，我们将根据你拒捕而判你六个月的监禁，但你的同伙要被判二十年刑。如果你不坦白，而他坦白了，那么你就将被判二十年刑，他只判六个月的监禁。但是，如果你们两人都坦白，那么各判八年；当然，如果你们两人都拒不承认，则各拘留两周。你可以好好想一想。"奥菲利将同样的话又向另一个嫌疑人重复了一遍。

然后大家一起等待结果。

二、难以预料的结局

从利己的理性角度出发，

结果常常得到损人不利己的非理性结果。

——奥菲利的启示

通话器随后被关闭，一块像演节目时用的幕遮住了大镜子，大家就这样等待结果。

我悄悄地问麦力："完了？"

"就等结果了。"

"能行吗？要是我就不坦白。这还不简单。"

"我也有点不明白，不会这么简单吧，难道会有其他的结果？"

"是呀，都不承认的话，拘留两周。你们也太冒险了，万一出现这种情况，你们的政府就真的把嫌疑犯放走了！"

这时旁边的一位中年人说："不过不这样也没办法判他们的刑。"

"为什么？"

"据说至今也找不到任何证据，拘留两周的时间马上就要到了，不这样也得放人。"

"那可以继续找证据呀。"

麦力说："你就等着看吧，奥菲利一定有自己的道理。何况在没有证据之前，谁也不能肯定嫌疑人就是罪犯呀。"

"话是这么说，可是也不能这样来审讯，我看积极地寻找证据才是正策。"

旁边的那个人又说："你怎么能肯定他们一定不承认？"

"当然了，不承认就会被放走呀。"

麦力想了想也说："不对，那是说两个人都不承认。如果其中一个承认而另一个不承认，这个不承认的人将被判二十年。"

"那就两个人都不承认。"

"你可以设身处地地想一想，假设是你，你会怎么办？"

看来不是我想的这么简单。现在假定我是其中的一个人，如果我不承认，必须我的同伙也不承认，否则我将被判二十年，而他只被监禁六个月；如果我坦白，他不坦白，我被监禁六个月；我坦白，他也坦白，各判八年。现在的选择只能是这样的：我坦白，被判六个月或是八年；我不承认，被判两周或二十年。我能保证同伙作出的选择吗？不能。我现在只能独自作出选择。为了自己我只能选择坦白，可是如果他也选择坦白呢？如果他也坦白，我就更不能不坦白了，否则二十年就是我的了。他会不会也作同样的分析，结果他也只能选择坦白？可是现在我已经知道这个提问的秘密了，那同伙也可能已经想到了，所以我们都选择不坦白。可是无论他是否想到，我都是在下赌注，为什么我们知道这个提问的秘密就一定都会选择拒绝承认呢？这可是没法保证的。所以为了自己得到最明确的结果，还是选择坦白吧。因为这样我最多被判八年，可是如果他拒绝承认呢？我不是害了他？可是他一定也能想到这些，所以他也会选择坦白，那我更没路可退了，我只能选择坦白了。

我翻来覆去地这么一想，结果发现最可能的结果却是都选择坦白，可是对嫌疑人来说这并不是最好的结果。经过理性地分析，却得到并非最佳的答案，并且这个不是最佳的答案似乎远比其他种选择更可能发生。这是什么原因？

结果还没出来，我有些坐不住了，我现在已经相信这个叫奥菲利的数学家的确厉害。麦力说："出来结果后，奥菲利还要讲课呢！他会把每次审讯中所用的方法及原理讲解给大家。"

还有这么奇怪的城市，他们居然用这样的方法增进民众的数学或者如麦力说的什么思考能力。不过我也觉得这是个蛮有意思的创意，至少我不用坐在教室里看老师将枯燥的公式写过来写过去了。

丁零零……一阵铃响，其中的一个嫌疑人按响了铃声，大家都紧张了起来。

"我，我……我坦白！"

大家不约而同地发出了一声轻呼。

已有一个人坦白了，至少不会出现大家担心的两人同时拒绝承认的局面。当然第一个已经坦白，不可能被判二十年了，就看是六个月还是八年了。不知为什么，我忽然有点同情这两个罪犯，因为审讯不像是义正词严，反而更像欺骗，但也因此抓住了罪犯。

结果不出所料，过了一会儿另一个也承认了，于是各被判了八年。

三、人生就像下棋

奥菲利松了一口气："其实这个结果并不是百分之百会出现，但却是最具可能性的。"

"您是说概率较大吗？"有人问。

"这个概率不像数学中常见的概率，它是很难计算出来的，但可以大致估计。"

"很难计算，是否说还是可以计算的？"另一个声音问。

我就奇怪了，怎么这个希思城里有这么多数学头脑灵光的家伙？麦力就是一个很好的例子，虽然他没在我面前解多少道数学题，但他的思维显然很具逻辑性。我简直有些佩服这座城市了。

奥菲利说："如果我们能够为每个人的心理确定一个心理指数，那么计算概率，我想是可行的。"

"可是这个心理指数如何确定？"

"是的，这是一个关键，这也是数学不是万能的一个证据。因为这个指数即便是利用数学作为模型也必须有社会学及心理学的参与才可能得到，而且我必须强调只是'可能'。因为直到现在还无法将所有的社会和心理问题全部数学化，也许永远不能。"

"那还不是说办不到。"

奥菲利并没有生气："我说的是不能将所有的社会、心理问题数学化，但找到一个社会可接受的心理系数用于计算部分结果未必就做不到。"

大家都安静下来了。

奥菲利说："刚才的问题属于一门边缘性学科，这个学科是从数学、社会学、心理学、经济学等多门学科结合产生的，现在大都称之为博弈论。"然后他介绍了一点背景知识。他接着说："刚才两个罪犯拒不承认的结果是对他们最有利的，可是谁敢冒这个险？两人同时选择坦白，结果各被判八年，这个结局称为非合作均衡。现实中这样的例子很多。这门学科对经济学的影响很大，因为以前的经典经济学理论认为市场是理性的，可是这种非合作均衡的情况正好表明，我们自以为的理性选择可能恰恰是非理性的选择。由于一味地在乎自己的利益，而结果却不是最有利的结果……"

的确，这是一个令人惋惜的均衡。我并不是想袒护罪犯，因为这只是现实中的一个例子，而类似的情形时时威胁着我们可能获得的更好结果。我是在惋惜如果我们从利己的理性角度出发，却常常得到损人不利己的非理性结果。看来只是做到"己所不欲，勿施于人"还不够，是否能进一步做到"人所不欲，勿施于人"呢？

接下来奥菲利介绍了几种可能的解决办法。

如何解决这个每天都可能发生的"悖论"？

也许细心的你已经发现其中有一个重要的条件——隔离审讯，隔离的意思就是没有机会串供。串供的机会很多，也许只是一个眼神或者仅仅是擦肩而过时的瞬间停滞，也许更只是一个无言的动作，因而"没有串供的机会"就是根本没有任何可能沟通的情况。其实，这个条件不是必需的，就是说，即便两个人串通好之后被抓，只要这两个人是理性的，仍然会选择坦白，因为所谓的理性就是从自己的利益角度出发。而要想做到"合作均衡"，我们必须交流、沟通或者有其他前提条件。

无论是事业、爱情，还是人生。

让我们看看在爱情中的运用。

周末到了，恋爱中的小男和小女计划着去哪儿玩。小男很想看一场足球赛，小女想逛街，怎么办？请别假设太多，比如什么两人正处于微妙的关系之中的假设，就是很正常的意见不统一而已。

从不能"串供"中走出来吧！

小男也许会这样说"这场比赛太难得了，如果这次不看可能就再看不到这么精彩的了。下次我一定陪你去逛一天"等类似的必看的理由。我也比较接受这种无奈的理由，谁也不能让比赛改期呀。可是小女说："如果不是今天，我一定会陪你去看球的。可是你知道今天是什么日子吗？"小男一愣。小女接着说："我奶奶的生日。她现在住在医院，我想给她买束花，更想你和我一起去。她看见你一定会很高兴的。"然后是柔和并略带抱歉的眼神。唉，我们当然会接受这样的理由，球赛再难得，也不能与亲人之间的"爱"相比呀！

这是通过交流和沟通达到的"合作均衡"。下面是假定有一个前提条件的例子。

小贾终于等到了期盼已久的演唱会，于是早早就买了两张票。小易恰在演唱会那天很想买一件相中已久的衣服。小贾拿着两张票激动万分地来到小易面前，他已陶醉在音乐里了，小易虽不热爱此演唱会，但至少不至于讨厌，毕竟也是音乐爱好者嘛，于是就有了看演唱会的"合作均衡"。

其实在现实中人们会不自觉地应用各种手段和方式促成"合作均衡"，虽然不能总是如愿。这说明我们在潜意识里试图避免出现于己于人都无利的结果。由此可见，只要全社会自觉地避免"损人"的行为，理性、合理的社会环境还是可得的。

任何人生都不可能缺少交流、沟通，与亲人、与朋友、与不知名的天涯沦落人、与飞禽鸟兽、与花草树木、与自然、与大地、与自己的心灵。不过对于整个人生来说，事情可能会复杂、混乱得多，并不能时刻"均衡"。

人生不就是一场复杂的博弈过程吗？

我们该如何进行这场博弈呢？因为我们的对手不是别人，而是我们自己——自己的——人生。

四、都有利，谁有理？

甲：如果输，输得少；如果赢，赢得多。

乙：如果输，输得少；如果赢，赢得多。

——钱包悖论

奥菲利走了，人们也陆续离开，屋里还剩几个人在争论着什么。麦力和我的兴致正高，去凑个热闹吧。

原来有人在听到"囚徒困境"的问题后想起了另外一个问题，虽然奥菲利早已走了，他们几个却为此争得面红耳赤。

这个问题是说甲乙两人打了一个赌：钱少者可以赢走钱多者钱包里的钱。

甲在想：如果乙的钱比我少，我可能输掉我现有的钱。但如果乙的钱比我多，我就会赢得多于我现有的钱。也就是说，我能够赢的比可能输的要多，而且输赢的概率各占一半，所以这个赌对我有利。

乙也是这么想。

他们的依据相同，结果对两人都有利，但这显然不可能。怎么回事？

结果只可能有一个，也只会对一方有利。一个显然的结果为何在出现之前会产生对双方都有利的判断？有人认为有理，有人认为没理。

认为这个判断有理的人指出，输赢的概率各占一半，但是输的数额少于赢的数额，当然是有利的。

认为没理的指出，输赢的概率各占一半，但是由于互相不知道对方手里的钱数，所以根本无法判断期望值是多少，他们也承认"输的数额少于赢的数额"，因为这是打赌的条件规定的。但如果一个是100，对方比他多或少的概率各50%，那么要想期望值大于1，对方两个可能的钱数之和至少要大于200，但对此双方根本一无所知。因而，这个看似有利的结果其实一点道理都没有。

麦力和我对这个问题也是半天说不出个所以然来，不过既然是打赌当然是公平的，如果有一方是必胜的，那反而成了欺诈了。不过就双方都持同一个观点作为判断来说也并没有什么不妥，如果一方一开始就认为对自己没有利，那么赌博游戏也不能存在了。事实上，赌博游戏中的每个参与者恰恰都认为对自己有利，但是结果不会对双方都有利，有利的判断是在结果产生之前而不是之后。

认为没理的一方大概是想说另一个意思，即赌博本身虽有自身的道理，但对于参与者来说却未必是理性的选择。正如他们所说，在对期望值一无所知的情况下所采取的行动是盲目的，在现实中也基本如此，赌博游戏很少是来自理性的选择，大多是由于盲目的冲动。

这又一次证明，对手常常就是自己而不是别人。

博弈悖论

又被称为"囚徒困境"，属于用博弈论探讨经济学问题的经典例证，但是从中可以得到的启示却远远超出了经济学范畴。

钱包悖论

这是一个很好的将心理、概率、博弈综合于一体的悖论。

第六章

希思城的记忆

一、美丽的背后

我们通过各种办法保护环境，

但是环境还是不断恶化。

——环保悖论

终于可以看看传说中美丽的希思城了。

希思城周围的环境可以说是人类与自然界和谐相处的典范。几乎每个工厂排出的"废物"都经过环保处理，达到环保要求，有的甚至还被回收利用。这同时也是对资源的有效利用，资源对于人类而言就是生命的保障。

我们在路上碰见麦力的一个朋友——伊莲娜，她是一位环保志愿者，正好要去希思城的森林公园采集标本，我们就一起跟去了。

森林公园占地面积很大，并且被划为保护区，因而里面的生态基本保持着原有的模样。

伊莲娜从事这项工作已经三年多了，听她说像她一样的志愿者还有很多。这里的环保已经做得很好了，为什么还有这么多志愿者？看来越是生态保护好的地方大家的环保意识也越强，这就形成了一个良性循环。

不过伊莲娜边走边说："其实你们并不了解真实情况。不用说别的地方，就是在这里，被称为世界上环保工作做得最好的地方，自然环境每天依然遭到人类的破坏。"

"不可能吧？"我觉得她有些夸大其词，可能是想表明她对环保的热爱和投入。不过我发现类似的志愿者大多都是女性，不知道是不是因为男人对什么事都更乐观，以至于对许多重要的细节早已麻木。

她斜看了我一下："一起去看看吧。"

在树林里转了很久，伊莲娜边走边收集各式植物标本，并给我们讲解，慢慢地我也开始东瞅西看起来。等出来后伊莲娜告诉我们一个令人吃惊的数字，她说今天我们的路线和收集范围与两年前的一模一样，但是植物品种已减少了近七十种，比去年减少二十种。

可是，我想，这样走一遍得到的数据科学吗？

伊莲娜听到"科学"两个字，情绪一下变得激动起来："人类总是过分相信自己掌握了真理，以为科学就能保住人类的正确方向。可是所有的破坏不都是科学造成的吗？"

我也有些不服："怎么能说所有的破坏都是科学造成的？难道现在用来治理环境的不是科学的成果？"

伊莲娜说："我只想提醒你们，如果没有科学的所谓创造发明，现在就根本不存在保护的问题。"

也许吧。虽然我觉得伊莲娜有些固执或者偏颇，但毕竟她说的话也不无道理。

无论我们怎样利用环保设备精心治理，但环保设备毕竟是设备，这些设备本身也要破坏自然界的平衡，哪怕影响很小，但也不可能真正做到彻底。我们在保护生态的同时仍在破坏它，更可怕的是，有时人们还借着保护的名义变本加厉。这个令人担忧的"悖论"现在就摆在我们面前。

在回希思庄园的路上，我想到中国古人是如何面对自然的。影响世界文明进程的四大发明都来自古老的中国，我们的古人将火药主要用于娱乐，指南针用于巡回于海上的友好外交工具，而传入西方后却成为侵略的武器和向导。同样的东西不同的用法，产生截然不同的结果。西方人并不比东方人更喜欢战争，但他们却更相信科学所能带来的利益，这种破坏性正是来自对利益的无限追求，侵略只是手段而已。只要人类善加利用我们手上的工具，我想我们的未来一定不会让伊莲娜们再有那么多感慨的。

人类的未来的确值得我们期待，同样值得我们为之努力。

二、又见怪马

所有的马颜色都一样。

——马之悖论

伊莲娜并不总是爱激动，我们坐下来聊天的时候，她还是很健谈的，当然并未围绕环境问题展开。听我说起"白马非马"时，她也讲了一个关于马的悖论。

所有的马颜色都一样。

真是无独有偶。公孙龙说有颜色的马都不是马，现在又来个是马就都一个颜色。这个世界怪有意思的呀！更离谱的是，伊莲娜说："这个可是能用数学归纳法证明的。你不是最相信科学嘛。"

哦?

伊莲娜讲述的证明过程如下:

根据归纳法，

第一，当只有 1 匹马的时候，结论显然成立;

第二，此时假设对于任意 n 匹马成立，那么 $n+1$ 呢?

现在证明 $n+1$ 也是成立的:

因为任意 n 匹马都成立，所以任选 n 匹马则都有相同的颜色;此时先选取第 1 至第 n 匹马，则它们的颜色相同，再选取第 2 至第 $n+1$ 匹马，同理它们的颜色也相同，那么可知第 1 至第 $n+1$ 匹马的颜色都相同。

综上，得出结论: 所有的马颜色都一样。

证明完。

但是我们知道这是明显违背实际的。伊莲娜问我们，错误到底出在哪里呢?

麦力和我正在考虑，有人打电话找伊莲娜有事，她告诉我们想出来一定告诉她，因为这是她参加的一个数学学习小组下次讨论的题目，而她对数学的兴趣才刚刚开始。哈哈，原来她是想以考考我们的借口来完成小组讨论的任务。

其实这是对数学归纳法的误用。先举一个特例就能说明证明的错误。就取 $n=1$，此时对于 1 匹马成立，而 $n+1=2$，对于任意一个 1 元素集都是成立的，则对于第 2 匹马也成立，但对于 2 元素集却无法得出结论了，它们的颜色可能相同也可能不同，这就是实际情况。

而对于 $n \geq 2$ 时，证明的第二步不能使用"对于任意 n 匹马成立"的条件，数学归纳法中的 n 是指第 n 个而不是指任意 n 个元素的集合，证明的第二步中的"假设第 n 个成立"是确保 1 至 n 都成立的前提，此时所构成的仅仅是一个 n 元素的集合而不可能是任意 n 个元素的集合。如果能证明 $n+1$ 时也成立，即 $n+1$ 个元素的集合成立，那当然就证明了结论，但很明显这是不可能被证明的。实际上，在 $n=1$ 时已经证明了 $n+1=2$ 无法成立，所以 $n \geq 2$ 的情况也根本不可能成立。

因而，这个悖论只是一个数学归纳法的反面教学案例，而且与"白马非马"的意义完全不同。

三、高深莫测

没有胜负才是更高的追求。

——武侠悖论

回到希思庄园后，麦力问我为什么不看看公司寄来的信。这不是明知故问吗？可他又告诉我信封里的机票是明天的。我们分明在海德村待了两天呀！麦力说他发现那里的两天正好是这里的一天，他也说不出其中的原因。还有这种事！那这里的一天是中国的几天？这是等待揭开的谜。

晚饭后，我与麦力聊起了中国的武侠小说。他觉得新鲜极了，似乎这些虚幻的武侠世界的产地也是另一个世界。

其实小说中的感情、境界都是人类共通的。其中关于正义、邪恶、侠义、阴险、善良、狡诈、真诚、虚伪、美丽、丑陋、高尚、耻辱、成功、失败、友情、欺骗、纯朴、卑微、信任等的认识和理解均能借助武侠小说中虚构的近乎理想状态的环境得到较彻底的表达，而这些观点如果出现在其他小说中恐怕既令人奇怪又不可信。因为没有人把武侠世界当成真实世界，所有的可能都只是一种想象，但是我们却在这种想象中知道了什么是真实。

这是不是一个"悖论"呢？

我给麦力讲了一个武侠小说中的"悖论"。

据说有一个叫陆小凤的人长了四条眉毛，他会一招绝技叫作"灵犀一指"，世上所有的武器都无法躲过，没有例外。另一位剑客西门吹雪——陆小凤的朋友之一，会使一招天下无双的剑法，没人能躲开。在他俩比试前，还要交代一个插曲：叶孤城——海外剑派，会一招叫"天外飞仙"的剑法，此招与西门吹雪的剑法不相上下。一次，陆小凤与叶孤城比试，由于偶然因素，叶的剑终于被陆的指夹住，但切记这是出于偶然。有一天，西门吹雪在武当山（中国道教名山）上要求与陆小凤比试。

一个是谁也躲不了的剑，一个是剑永远避不了的指。

决战！

我问麦力结果会怎样，麦力说这跟我们遇到的很多问题有相似之处，它们都含着新的思维方式，他答应明天我上飞机前一定告诉我。

飞机乘着气流越飞越高，希思城渐渐地离我而去了，我知道我一定会怀念这里的一切。看着手中欢快舞动的"跳舞花"，我又想起麦力在我临走前告诉我的关于"决战"的答案。

从前有位侠士梦想学成天下第一的箭法。他为了练习眼力，坚持不懈地长时间盯着一个物体看，直到每个细节都看得清清楚楚，纤毫毕现，然后逐渐增加与物体的距离，越来越远，几年后，他成了当地的神箭手，百步穿杨简直就是小菜一碟。

但是他还不满足，于是走上了求学之路。一天他经过一个镇子，得知当地有一位师傅，箭法高明，很多人都拜他为师。侠士随即就去找这位师傅。师傅见到他没有说话，右手拿起毛笔左手拿起一粒米粒，唰唰唰，好像是写了几个字，然后交给他说："你能看见上面写的是什么吗？"这怎么可能？侠士犹豫了一会儿说："这怎么能看见？"师傅说："回去吧，等能看见上面的字再来找我。"

侠士对师傅的话半信半疑，出来后走到街边，看见一个乞丐。他拿出几个铜板，向乞丐买了几十个虱子。真是天下之大无奇不有！

侠士回去后，将虱子用细线吊在远处整天凝神细看。时光飞逝，转眼又是几年过去了。忽一日，他的眼前一亮，竟然看见虱子似乎变大了许多，于是他拿起弓箭，嗖的一声，居然射在正中。他高兴极了，自以为箭术已经天下无双了，于是他约了师傅比试。

师傅答应了。

寒风飒飒，树叶纷飞。

侠士与师傅对视着，只听嗖嗖声不绝于耳，所有射出的箭都在半空中对撞而落。最后，侠士静静地搭上最后一支箭，而师傅的箭囊已空。

嗖……箭羽划破空气飞射而出。

啪……箭死死地被师傅用牙咬住。

侠士愣住了。

师傅吐掉箭说："你没看我给你的那颗米粒吧。"

侠士早已忘记了，回去后他终于找到了米粒。凝神一看，上面写着"仁者无敌"四个字。他匆忙找到师傅，拜倒在师傅面前，请求传授绝技。师傅将他扶起，对他说："我已经没什么能教你的了。"侠士慌忙又跪下请求师傅原谅，并表示自己是真心想学天下无双的箭法。师傅向他推荐了南山仙翁，并说除此人之外无人能教他箭法了。侠士问："他也是您的师傅吗？"师傅摇摇头说："有缘之人才能得到他老人家的真传。"

侠士又踏上寻师之路。终于有一天他找到了南山仙翁。仙翁听完他的经历，只是微微一笑说："随我来。"

他们来到后山上，仙翁站在崖边，白须在风中飘动，一切都显得非常祥和。这时天空中有一群大雁飞过，仙翁双手凭空做了一个射箭的动作，只见一只大雁应声而落，仙翁随手接住了大雁。侠士惊得目瞪口呆，迟迟说不出话。这时仙翁笑了一下，将手中大雁向空中轻送，那只大雁振翅而飞，转眼就不见了。此刻侠士已浑然如在梦中，仙翁笑着说："你留下吧。"

数年后，侠士下山回到师傅处感谢指点之恩，一见面，师傅"哎呀"一声拜倒在地，侠士也慌忙跪下手扶师傅。师傅叹口气说："你已练成了。"侠士连忙说："师傅这样说，可令弟子无地自容了。"

侠士的手中已经没有箭，他的脸上也没有了好胜之气。

我回味着这个故事，真正的高手其实是一种境界。至于陆小凤与西门吹雪的比试也已不再重要，因为即便比出个结果也不是真正的"至高境界"。相反，没有胜负也许才是更高的追求。这何尝不是"悖论"？

此时飞机穿行在白云之中，还是让这次经历留在记忆中吧。

我猛然觉得成长才是我们自己的"悖论"。

环保悖论

现实中正在发生的事例。这一点可能是每个人都能意识到的，却没人能提出一个完美的解决办法。

马之悖论（Horse Paradox）

学习数学归纳法的反例。

武侠悖论

其实这不是一个关于"武"的讨论，而是关于人生"境界"的讨论。"境界"一词经近代学者王国维先生的阐释而别开生面。这是典型的中国式"悖论境界"。

第二篇

风情篇

第七章

时光机器

·

一、时间的故事

> 双胞胎兄弟，……
>
> 结果一个比另一个年轻许多。
>
> ——双胞胎悖论

回来后我发现在希思城时带的手机就是全球定位的，可为什么当时却无法定位呢？

娜娜和维维听说我回来了，缠着我非要听故事，我只好给她们讲了一个关于时间的故事。

古时候曾有一个樵夫亲眼见过神仙。有一天，樵夫大哥像往常一样上山砍柴，在山顶看见两位老翁在下棋，他就走过去旁观。其中一位银须飘飘的老翁看了看他，微笑了一下，从盘子里拿了一枚果子给他，点点头示意请吃。樵夫大哥就吃下去了，我想果子的味道一定是"酸甜酸甜"的。这位大哥好耐性，直到看完还依依不舍。猛地想起出来很久了还没砍柴呐，伸手就去拿砍柴的斧子，"哗"的一声，斧柄碎了。原来两位老翁是神仙下凡，要不是那枚果子，这位大哥恐怕早已饿死了。这一局棋的工夫在世上已不知经过了几朝几代。为什么说这个故事可信呢？因为后来这位大哥凭记忆记下了两位老翁的对弈棋谱——即流传后世的《烂柯经》是也！

听完故事，她俩问我见《烂柯经》没有，我说当然见过，不然我怎么会相信。她俩得出的结论是——我还挺迷信。

其实关于过神仙日子的幻想时时珍藏在我心中，直到有一天我竟然听说这不是幻想，而是有可能实现的！

关于时间变慢的事除了我在海德村遇到一次外，还有一个科学上的故事：一对双胞胎中的一个生活在地球上，另一个生活在飞船里，多年以后飞船上的孩子会比地球上的兄弟年轻。有些人将这个现象称为"双胞胎悖论"。

发现这个道理的科学家就是我们早已熟悉的爱因斯坦。

说到爱因斯坦，就先要提到另一位伟大的科学家——牛顿。牛顿不仅完成了前人的梦想，甚至终结了后人的想象。牛顿告诉我们：时间是均匀的永不停息的，空间是绝对的永恒不变的。牛顿的学说使科学家们感到无所事事了，寂寞的他们在牛顿的光环下大概只剩下无聊了吧。

还好，当时间走到20世纪，又诞生了另一位更伟大的人——爱因斯坦，于是一切又重新忙起来了。后来一位诗人这样描述："神说'诞生吧牛顿'，于是天地一片光明；可是魔鬼说'诞生吧爱因斯坦'，天地又陷入一片黑暗。"

为什么爱因斯坦会给我们带来"黑暗"？难道他给大地施加了什么咒语？

爱因斯坦是犹太人，做过小职员，一生坎坷，最后定居美国，晚年思考了许多哲学问题，以色列第一任总统去世后政府曾邀请他担任第二任总统，他拒绝了。他的相对论当时能懂的不超过三个人，现在也不会太多，而他提出这个理论时还只是一个不到而立之年的年轻人。

不可思议！

然而他开始思考这个问题时仅有十几岁，是不是只有孩子的心才能如此自由和宽广？小时候的爱因斯坦不属于聪明孩子的行列，甚至有些笨拙。他也没有给自己拟定一个伟大的目标，甚至没有打算研究物理学，他只是思考了一个问题。

他想：如果我坐在光上，我会看见什么？

我们为什么可以看见？如果没有光，我们还能不能看见，比如在漆黑的夜晚？我们的眼睛会发光吗？我们的眼睛不会发光，否则就不用发明夜视仪了。我们能看见物体是因为物体反射了太阳光，没有光，我们什么也看不见。

光是什么？爱因斯坦小时候就在想这个问题。

让我们也想想！

与光一起向前飞，像光一样的速度飞。此时，我们与光的相对速度为零，我们知道如果坐在火车上而没有其他任何参照物时，我们根本无法判断火车是否在运动，实际上，此刻是相对静止的状态，对于光也一样。那么在我们的面前会是什么？只有黑暗。因为我们和光的速度一样，处于相对静止的状态，于是光消失了，我们什么都看不见了。

当我们追上光时，恰好获得了黑暗。

是不是只有达到光速时才会出现一些奇怪的事呢？其实并不一定要达到光速，只要物体之间具有速度差，时空就会发生变化，只不过速度差要达到一定的数量级才会表现出明显的差异。

宇宙万物都处于运动的状态，即万物都具有一定的运行速度，因而物体之间的速度差也是相对的。静止是一种特殊状态，即物体之间的速度差为零。"双胞胎悖论"说的就是由速度差引起的时间差。

其实在这个所谓的"悖论"中是不是双胞胎，是不是人类都无关大局，无论换成别的什么物体，这种时间差总是存在的。至于结果显出的差别有多大，就要视速度差而定了。于是可以得出推论：常在空中飞的空姐和飞行员们会常葆青春，真是令人羡慕！不过还好，差别不会太大的。

看来古人幻想的"天上一日，地上一年"的神仙日子并非全无道理呀！

牛顿给我们确立了一个平静、祥和的世界框架，但是爱因斯坦偏偏发现了时间和空间的可变性，时间不再是均匀的，空间也不再是绝对的和一成不变的。随着物体运动速度的改变，相应的时间及空间都会发生变化。科学实验已经证明速度越快时间越慢，长度也会缩短。

这种属于"魔鬼"的呼唤给了我们很多想象的空间：如果有一天我们人类能以超光速的速度运行，是不是会发生一个奇怪的现象——时光倒流。因为速度越快人就会越年轻，达到光速则停止生长，再快一点我们就可以变小一点，然后我们就能回到过去了。

可是最大的问题是如果我们回到了过去，记忆还能保持吗，我们会不会忘记来时的一切？如果还能记忆，那我们是真的回到了过去吗？

那么，此时此刻的我们是活在记忆里还是某个世界的时光倒流中？

二、时光倒流

　　艾皖先生是我们公司负责技术的总工程师。他比我大几岁，物理学博士，主要研究量子物理。他经常制造一些奇怪的机器，于是有一天我怂恿他研制一台时间机器，能让人穿梭于过去、现在和未来。可是他问我，怎么可能去未来？因为未来还没出现。他说对未来只可能用机器进行模拟，不可能变成实际。但是过去呢，不也是不实际吗？艾皖认为如果时光真能倒流，那就是现实了。

　　至于机器的工作原理他比我懂得多，我提了一些功能上的要求，比如能将人从过去的一个地方转移到另一个地方，或者从一个时代转移到另一个时代，等等。结果艾皖比我还着迷，他夜以继日地研究，令人感动，我也不得不参与做些力所能及的活儿。我们把全部的业余时间都搭进去了，还好一切都进展顺利。

　　一天下班后，艾皖把我叫到实验室，神秘地说："完工了！"

　　简直太令人惊讶了："这么快，不会偷工减料吧？"

　　"有你这个工头在一边我敢偷工吗？"

　　可实际上在我的意识里根本没有准备好接受这样一台机器的出现，因为以前的设想仅仅是在头脑里而已，如今我们真的能利用它穿梭于时空之间吗？这这这，令我一时兴奋、激动、疑虑得不知所措、语无伦次、神情恍惚……

　　"喂喂，你还好吧？"艾皖边喊边在我的眼前挥手。

　　"啊，好呀，你是说时光机器真的出现了？噢噢，我知道，对，是这样，那怎么办呢，现在？"

我后来觉得艾皖当时也一定会有些担心的，毕竟跨越时空不是件稀松平常的事，谁也不知道开动机器以后会发生什么。

　　"用什么先试试，总不能直接上去人吧。"

　　艾皖说我没大脑："这还用你讲，只是别的动物虽没有任何损伤，却不知道它们是不是回到了过去。"

　　随后的几天我俩下班后就绕着机器转。我鼓励他先试试，可是他的理由更充分，因为我根本不会操作那么多复杂的工序。

　　在他一千遍保证即便失败也不会有生命危险的情况下，我决定为科学牺牲一把。

　　坐进一个不算拥挤的发射器里，一切设备运转正常。艾皖的手指轻轻地按在启动按钮上，看到我坚定的眼神，他按下了按钮。我只听到一声巨响，然后就什么都不知道了。

三、"请耐心等待"

两可之说即讼辞。

——讼词悖论

　　恍恍惚惚之中感到一束阳光照在脸上，睁眼一看，我已身处一个小木屋之中。起身走出屋子，看来眼前的这个村子不大，来来往往的就是我们的祖先吧！这是什么地方？

路上人不多，像是午后都在家休息。

"阿七，快去后面喂马。"

我真的回到过去了！这是什么年代？……

"阿七，你愣在那儿干吗呢？还不去干活！"我回头看见一位妇人正在叫我，此时我正沉浸在这种新奇的心理体验之中，真好玩，我就是阿七？我随口应道："你叫我？""不叫你叫谁？还不去喂马。整天游手好闲的，就知道跟着什么邓析看热闹。"

我跟着邓析，他是谁？我只好磨磨蹭蹭到了马厩，捡起草料放进马槽就回到前面来了。"喂，后面没有马。""那马都跑到哪里去了？"妇人急忙到后面去看马了。

其实我是故意说的，好趁机跑到外边看看去，我大声嚷着："我只看见黑马、白马，没看见马。"哈哈，她可不知道说"白马非马"的公孙龙还要数百年后才出现呢！（对了，公孙龙的观点会不会是从这个阿七处传来的？历史是因为这样改变的，还是历史本就是这样形成的？）

"你怎么跟邓析似的，只知道胡说八道。人呢？你回来，还有活要干呢！"

我想自己大概是在春秋末期的郑国了，这个邓析据说最爱辩论，是有名的讼师，专帮人打官司。现在最让我疑惑的是难道我的过去就是阿七？或者仅仅是借他的躯体一用？这岂不成了灵魂附体？太可怕了！

正迷惑时，只听得村里闹哄哄的都向西边跑去，我也赶紧去凑个热闹吧。

阿七也是有点小名气的人物咧，路上净听到人说："阿七，快点，今天可出现新奇事了。"

快跑。跟着大家跑到河边，原来有人在河边发现一个溺水者。大家聚在一起瞅来瞅去，可是都不认得此人是谁。我说此人大概是一个有钱人。大家问我怎么知道。"我猜的呗。""阿七就知道胡说。"说我胡说还让我赶紧来，看来这个阿七在村子里是个"多了嫌烦，少了嫌闷"的"现世宝"。

谁曾想下午果然从河上游的一个村子里来人问是否发现有人溺水，还说是个富人。这下可好了，那个发现尸首的人定要索取赎金，出价五十金。我也不知道五十金是个什么概念，但见大家都张大嘴说不出话，有的是嫉妒、有的是羡慕，还有的都已经傻了，看样子这笔钱要得非常多。那个来人原来是富人家的家丁，一听要钱太多也不敢答应，说要回去禀报，还请务必将尸首保护好，家人一定会来赎的。

哈哈，果然不出我所料，我告诉大家这个事还是要请邓析来问问。结果大家都来训我："你就知道问邓析，他可是要收钱的，何况他哪回也没让人好好地了结过。他给了你什么好处，你总是帮他说话……"我赶紧闭口不说了，可是他们还追着我问怎么不狡辩了。

第二天，那家富人派人来说最多只能给二十金，多了支付不起。这边不愿意，到下午价钱加到三十金了，可这边还是不给。这也太离谱了吧，拿着别人的亲人卖钱，这跟抢劫有什么区别？

第三天，听说那家人要去找邓析求教方法，我忙问邓析住在什么地方，没人理我。幸好有爱凑热闹的。不过还是来晚了，只见邓析家里已挤满了人。我只听到一句话："放心，死者对其他人没有任何用处，他不卖给你们还有谁会出钱买？只需耐心等待那人自会降价。"于是家人放心而回。

大家也都散了，邓析见了阿七说："这几天怎么没来呀？"

我吞吞吐吐地说："身体有些不舒服。听说有人找你有事，我来看看。你说就让人家等着，能行吗？"

"你觉得没道理？"

我想了想，是很有道理。"可是不解决问题呀。"

如此过了数日，家人虽然着急但还是觉得邓析说得有理，只好继续等待。

这几日中，那位要钱的主总也不见家人拿钱来，也着了急，于是也找到邓析请教办法。邓析又说："放心等待，死者除了他的家人要赎，还有别人会要吗？而且是独此一家的。他们会如数交钱的。"于是此人也放心回去了。

一个是等着降价，一个是等着收钱。邓析的说法也没错，可是结果会怎样呢？

回去后我又想了一遍邓析的分析，没错，道理是显而易见的，双方的耐心在"数日"之内也是没问题的，可是然后呢？因为问题其实仍然存在，暂时的安稳不能代表问题的消失。

不过邓析只记得显示他的辩才，却忘记了在这个事件中还有一个因素——伦理。家人为什么要花钱买，要钱者为什么会开口要？要钱者之所以敢要钱是因为他知道家人一定会出钱，只是多少的问题。家人也知道自己必须要回来，只是出多少钱的问题。为什么家人"一定会出钱""必须要回来"？如果家人根本不要，那么要钱者要再少的钱，也没人会给他，实际上，如果要钱者知道那家人不会出钱要回自己亲人的尸骸，这件事就不会发生。之所以一个会要钱，另一个一定会出钱，根源在于他们都接受同一个"伦理观"，即对血缘关系的"爱"和"维护"。

我不知道邓析忽视这个因素，是由于他试图挑战这种"伦理观"，还是想确证这种观念。我想事情过几天一定会解决的，因为这个"交易"是必须完成的，只差一个平衡点。这个平衡点在现代经济学或社会学中被称为"均衡"。

从另一个角度也可以说，邓析遗漏的是事物不断变化的本性，经过变化，双方会重新找到一个平衡点。

我不知道是不是该找邓析讨论一下我的想法，因为我担心他又会冒出其他更难缠的解释，到那时岂不是跟历史捣乱！

四、邓析的方法

"世上没有绝对的真理。"

这是绝对的真理吗？

——真理悖论

好不容易又挨过了一天，我也不知道艾皖什么时候才把我弄回去，来时居然没把这事说清楚。

天一亮我赶紧跑到邓析那儿，想跟这个久仰的先辈高人争辩一番。

邓析好像已经习惯跟这个阿七争辩了，这是我没想到的，阿七这个角色在历史中并无记载呀。

他问阿七是不是还为昨天的事来找他争辩，我说还有另一个问题百思不得其解，只好来找他了。

"说来听听。"

"有一句话说，世上没有绝对的真理。可是现在我不明白这句话是不是绝对的真理。如果回答是，那么世上就有这一句绝对的真理；如果说不是，又正好符合'世上没有绝对的真理'。"

邓析毕竟不一般，他略微思考了一下问我："你先告诉我什么是绝对。"

"绝对就是无条件的，不需要任何前提。"

他问阿七能不能先说说世上有没有绝对的东西。当然有了，每个人绝对都有父母；每个人绝对都要吃饭（传说中神仙好像不用吃饭，但他们已经不是人类了）；每个人绝对都要睡觉……单在人身上就有很多的"绝对"。

他纠正说吃饭不一定"绝对"，因为必须先要有饭可吃才行。

我说："对……唉，不对，我是说'要吃饭'，这种需要跟有没有饭无关。还是绝对的。"

邓析说："好，现在知道了绝对的含义，再来分析这个问题吧。"

"世上没有绝对的真理"这句话的意思是说真理都不是绝对的，即真理都不会是无条件的，而是有条件的。可是接下来又问"这是绝对的真理吗"，这当然不会是绝对的真理！因为不存在。

如果认为此时的结论正好符合"世上没有绝对的真理"，因而这句话就是唯一的"世上的绝对真理"，那么它就依赖了这句话本身，也就是并非"无条件"的绝对了，而是有条件的相对。

反之，如果认为它是绝对的，那就不是真理。

因而，无论如何它都不是绝对的真理！

邓析并没有直接回答"是"或者"不是"，因为那样等于已经承认了"绝对的真理"的存在，而"是"与"不是"仅仅是判断"世上没有绝对的真理"这句话是否"绝对的真理"，实际上绝对和真理的含义还有待进一步分析。分析发现"绝对"和"真理"并不能组成"绝对的真理"这样的词组，就像"甜的盐"，甜的不会是盐，而盐也不会甜。

在这里使用了概念分析的方法。这种方法有一个好处，就是无论是否清楚概念本身的意义，都可以通过逻辑一致性的原则来判断不同的概念是否可以一起使用。比如这里他就发现"绝对"和"真理"不能相互一致，即便他不知道什么是"真理"，也可以得出他所要的结论。

尽管对邓析敬佩有加，我还是不愿轻易放弃与他交流的机会，心想再给他添点麻烦吧！

"前几天我没来是因为外出时遇到了一伙强盗，他们抓住我说：'你说我们会不会杀掉你？如果说对了，就把你放了；如果说错了，就杀掉你。'（强盗悖论）要不是我聪明，你现在就见不到我了。"

邓析很感兴趣地问："你怎么回答的？"

我卖点关子："明天再说吧！我出来太久了，该回去了。"

看着邓析又开始琢磨起来，我偷偷直乐。

历史大概不会开不起这么点小玩笑吧！

五、庄惠之辩

"你怎么知道鱼儿是快乐的？"

"你怎么知道我不知道？"

——庄惠之辩

谁知刚走出邓析家的院子就听他在后面嚷道:"你说'你们会杀掉我'。"

唉,没意思。

我正不知道这一天该怎么打发呢,不自觉地就走在返回阿七家的路上了,忽然背后有几个人气势汹汹地大喊:"站住,阿七,你今天别想溜掉了。""不要放走了阿七。"

我扭头一看,形势不对,撒腿就跑,边跑边问他们到底发生了什么事,可根本没人理我,但看那架势是绝对不会放过阿七的,眼看就要被他们追上了,我什么也顾不上,只能拼命地向前跑。忽然,脚下一空,我直向山崖下坠去。

"扑通"一声,整个身子一阵巨震。奇怪的是我并没有任何受伤的感觉,反而觉得从未有过的自由自在。

这时只听山崖边有人在说话,我就想靠近让他们救我,可是我的水性向来不好,而现在却非常自如。更令我目瞪口呆的是我发现自己现在是一条正在游的鱼!

我怎么变成了鱼?

此时,从山崖上传来一个声音:"哎,你看这水里的鱼儿是多么快乐呀!"这怎么可能,我都快烦死了!

另一个声音说:"你怎么知道鱼儿是快乐的?你又不是鱼。"嗯,这句问得好。

第一个声音又说:"你怎么知道我不知道鱼儿是快乐的?你又不是我。"好像也有理。

第二个声音接着说:"对,正因为我不是你,而我又不知道你是不是知道鱼儿快乐,所以我知道你不知道鱼儿是不是快乐,因为你不是鱼。"我有点晕了。

没想到的是第一个人还能继续反驳："不对，你又不是我，但你却说你知道我不知道鱼儿快乐；所以我虽然不是鱼，但我却也可以知道鱼儿是不是快乐。"可是我现在一点都不快乐，你怎么说我很快乐呢？

只听第二个声音道："庄周呀，这可就是在狡辩了。"

庄周说："惠施，你又何尝不是狡辩。"

……

"哗啦"一声，我被一个鱼网捞了起来，我看见一个渔夫笑着说："我不知道你们两个在说什么，总之现在网到了鱼我感到很快乐，哈哈。"岂有此理！可是这时我感到呼吸越来越急促，我想大声呼喊，可又发不出声，就像被梦魇住了一样。

这大声的呼喊只能在心中了："艾皖，快来救我呀！你听见了吗？"

双胞胎悖论（Twin Paradox）

来自爱因斯坦的相对论理论。应该说这个悖论对理解相对论很有意义和价值。它使一个远离普通人的深奥物理学知识能够被大多数人思考。

讼词悖论

邓析是名家的代表人物，在两千多年前就开始思考语言本身了，而且可能还包含他对整个社会的独特理解。他是春秋末期郑国的思想家和革新家，被视为法家先驱，但他首倡"刑名之论"，操"两可之说"，与法家重法的主张又有所不同。他被视为玩弄巧辩之术，但他开名辩一代风气，拉开了名辩思潮的序幕，所以又被《汉书·艺文志》列入名家。

真理悖论

这个悖论由来已久，但大多数时候大家都爱把它当作诡辩一笑而过，其实里面含有很多可以思考的内容。还有一个类似的悖论即虚无者悖论（Nihilist Paradox）：如果"真理"不存在，那么命题"真理不存在"就是真理，这证明它自身是不正确的。其实对于什么是"真理"，还存在很多探讨的余地。

强盗悖论

和那个鳄鱼悖论异曲同工：一条鳄鱼从母亲手中抢走了小孩，鳄鱼说，我会不会吃掉你的孩子？答对了，我就把孩子不加伤害地还给你；如果错了，我就不客气了。母亲说，你是要吃掉我的孩子的。

庄惠之辩

惠子的许多思想和论断都是从庄子的书里找到的，这段对话也是如此。他们之间的对话很耐人寻味，如果愿意可以一直纠缠下去，从中我们可以得到的最大收获我想不仅是辩论的乐趣，而是可以看到语言与心理或者还与现实之间存在着一条看不见的鸿沟。

第八章

古希腊

一、跨时空旅游

> "历史是虚假的。"
>
> "不，历史是可变的。"
>
> ——历史悖论

"醒醒，喂，你没事吧。"我感到人中一阵酸痛，慢慢睁开眼，眼前还是一片模糊，"这又是哪儿？"只听有人长长地出了口气："总算没事。"我看见了艾皖，看来我是回来了。什么都别说了，先睡一觉。

艾皖说我坐上发射器一共只有几个小时的时间，他随时都在盯着我的反应，中间调过两个按钮，后来看我好像呼吸困难就赶紧停下来了。幸亏这个艾皖还没傻到让我坚持下去的地步。

我们初步分析的结果是：一、这个机器不能使现实中的本人回到过去；二、控制时间和地点的按钮，可以随时变动所处年代和所处地点；三、如果遇到紧急的事，现实中的人也会发生同样的反应；四、如果发现现实中的人有任何反常现象，应该立即关闭机器，并及时抢救；五、是什么东西回到了过去还无法得知。

我后来回忆在水里听到的话，大概是道家的庄子和名家的惠子在争论吧。

其实惠子说庄子狡辩的话还是中肯的。因为惠子是根据自己不是庄子，并且自己知道"自己不知道庄子在想什么"，通过这一点就可以判断庄子是否知道鱼的快乐了。惠子的意思是：我不是你，所以我不知道你是否知道鱼，但我却知道自己不知道你（这一点是可以知道或者肯定的），而你不是鱼，所以我就知道你不知道鱼。

庄子的狡辩在于混淆前后两个"知道"的含义。因为"不知道"里的"知道"指的是知道对方（或者鱼，即另一个事物），而惠子后来说的"知道"指的是知道自己，只是这个知道的内容是"不知道某事"而已。庄子故意混淆这两个"知道"的含义。他的狡辩是这样的：你既然已经知道我不知道了，可见你还是知道我，而你不是我，所以说我不是鱼，但我还是可以知道鱼。仔细分辨一下就能看出，这里的"知道"是在两个意思上使用的。

不过我们却从中可以看到，古人已经有意识地利用语言本身的歧义进行狡辩了。我们慢慢地可以发现，有很多"悖论"或者"矛盾"其实都是由语言引起的。不过语言的歧义并不总是被人利用来狡辩的，更多的时候人们是利用这种歧义来增加语言的魅力，只是要注意在遇到比较隐蔽的情况下还要仔细分辨呀！

相比较而言，道家更中国化，而名家与西方的思维方式颇为吻合，可惜中国人似乎一直不太喜欢这种方式,以至于渐渐式微。所以,很多中国人更喜欢庄子与物同游天地之间的逍遥和洒脱,那是一点问题也没有的,因为对心境的体悟和语言原本就不是一回事。西方学者更适应名家的说理方式也是很自然的事。虽然名家在概念的辨析上更下功夫一些,但是也会囿于言辞之间,难免失去了更高的领悟空间。当然,对庄惠之辩的双方都是不好苛求的。

关于时空穿梭的讨论对于艾皖和我似乎成了必备项目。我认为,如果人们确实回到了过去,那么就会对历史产生或大或小的影响,结果岂不是说明历史是虚假的吗?艾皖不同意这个观点,他说历史并不会变得虚假,只是我们对历史的理解会发生变化。

无论如何,听完了我的经历,艾皖也想试试,可是那么多按钮我可不会操作,更何况还有很多按钮的功用现在还不知道灵不灵呢!万一出现什么问题我连修理都不会,麻烦大了。

所以最后决定有时间还是由我来试验几次,然后再推而广之。至于阿七后来的命运如何,历史上并无记载,我们也就不得而知了。

二、来自芝诺的挑战

你永远也追不上我!

——速度悖论

过了几天我忍不住想去古希腊游览游览，于是就鼓动艾皖调好设备再来一次旅行。

这次更惨，我竟变成了一棵树！

我既然不能动，又如何去找古希腊的众多大哲人呢？幸好这不是一株平凡的树，也许它过多地受到了荷马诗篇的熏陶，使它具有了聚集众人来此交谈的魅力。

今天来的会是谁呢？

一会儿我的身边就聚集了一堆人，一个人说："不知道今天芝诺又会说出什么奇怪的话了。难道咱们这么多人就辩论不过他吗？"另一个说："明知道他说得不对，可就是找不出他话里的错来。"这时有人问："昨天他又说了什么？"有人争着说："他居然说阿基里斯追不上乌龟。"

"什么？长跑冠军居然追不上乌龟，这怎么可能？难道他能说出什么道理？"

"他说只要乌龟起步稍微领先阿基里斯一点，阿基里斯就永远也追不上乌龟了。"

"即便领先再多，也一定能追上。"

"他的道理是这样的：乌龟比阿基里斯领先一段距离，如果阿基里斯要想追上乌龟，就必须先到达乌龟原来的地方。"

"没错。"

"可是这时乌龟又已经向前走了一段距离，而阿基里斯在走完这段距离时乌龟又向前走了一段距离，结果阿基里斯越来越接近乌龟但永远也追不上它。"

……

"这个芝诺为什么总能想出一些奇怪的问题呢？咱们一定要想办法揭穿他的错误。"

趁他们在想如何对付芝诺时，我们也想想刚才的问题到底是怎么回事。现在我们至少有两种思路来推翻他的理论：一种是说出能追上乌龟的道理；另一种是指出追不上乌龟的错误所在。如果芝诺的道理错了，那他的结论当然也就不成立了。

芝诺说的道理很简单。按照这个道理，就是有缩地术也别想追上乌龟，这岂不是"咄咄怪事"？在这里有一个至关重要的因素被忽略了——时间。因为我们知道，走完一段距离都需要一定的时间，而所谓的速度不同，实际上就是指走完一段距离所花的时间不同。芝诺先生说，如果阿基里斯走到乌龟原来的位置，而乌龟又向前走了一段距离，然后又多出一段距离……这里我们能清楚地看到，他只考虑了距离而忽略了时间，因而这里已经不存在速度这个概念了。也就是说，芝诺在这里讲的并不是追逐的故事，而是距离可以无限分割的故事了。

其实芝诺还说过另一个"悖论"：一个人不可能从一个地方到达另一个地方。因为这个人要到达一个地方，就必须走到这段路程的一半的地方，但是如果他要走到中点，就必须先走到中点的中点……结果这个人永远走不到终点。

在这里芝诺同样忽略了时间，或者说是芝诺有意将时间做了无限分割。因为不管这个人用什么交通工具，都会占用时间的，如果将一段距离不停地一半一半分下去，其实同时也将时间不停地分下去了，也就是说要想让时间经过一秒就要先经过半秒，要想经过半秒就要先经过半秒的一半，然后，再然后……我们发现没有时间了。所以芝诺的意思变成了：我不给你时间，你能从一个地方到达另一个地方吗？

即便是变成了树的我也知道：永远不能。

不过这倒让人想起中国的惠施曾说过一句话"一尺之捶，日取其半，万世不竭"。惠施说明了的确存在无限，而这并没有引起悖论。我们也来简单分析一下。惠子举的这个例子其实是处于空间中的例子，没有代入时间的影响。"日取其半"好像有时间，其实是对一尺的分割频率，"万世不竭"也并不表示这一结论要受时间的影响，而是说明分割的次数可以无限。所以，这个说法更高明的地方在于，惠子只承认这种无限的存在，而没有把无限随便用于不适合的地方。

三、芝诺来了

飞矢不动。

——芝诺悖论

就在这时，我看见远处走来一个中等身材的人，他的嘴角带着略显自负的笑容。

等他走到近处，大家都喊道："芝诺，你今天又有什么怪论呀？"原来大家都挺喜欢听他的怪论，也许这样带来的挑战比自己看书要有趣得多吧。

芝诺走到跟前说："你们先说，前几天的问题你们想出反驳我的办法了吗？"大家你一句我一句地嚷嚷了一阵，还是没什么结果。芝诺说："无论如何我今天还是给大家说一个吧。"

只听芝诺说道："今天要说的是'飞矢不动'。"

"飞矢不动？什么意思？"

他说："飞行的箭看上去是在运动的，其实是静止的。"

"飞行的箭是静止的？"

"没错。因为箭的轨迹是由这支箭所处的不同位置连接而成的，那么当这支箭在第一个位置时，它是静止的，到第二个位置时还是静止的……难道说许多个静止的箭连在一起就变成运动的箭了吗？"

大家纷纷发表意见："不对呀！静止的箭就是静止的，运动的就是运动的。那你的意思是根本就没有运动了……"

芝诺说："是呀！我们不要太相信自己的感官，感官给我们带来的未必是真理。我们更应该相信我们的智慧！"

我这棵树听完也忍不住点头表示同意，不过这句话有点太"哲学"。

被分解的"运动"静止了，被连贯的"静止"运动了，什么是静止，什么是运动？

照相机的发明是人类记录史上的一个里程碑，多少美丽的"过去"只能通过留下的照片才保留着新鲜的记忆。人类最早的绘画就像照相机一样记录下了那些时代的影像，令我们多少可以还原祖先的容貌，我们的子孙是幸运的，因为他们不必再花很长时间描绘我们的模样。高速照相机出现以后，人们就可以拍下高速运动的物体在运动过程中的状态了，动画片是根据与之相反的原理，将连续的静物画连贯起来产生动画的效果。

"静止"与"运动"都是通过视觉产生的感知，区分"静止"和"运动"对盲人的意义不大，因为无论物体是静止的还是运动的，他都必须通过其他各种方式加以感知和记忆。一个人在火车上闭上眼睛，过一段时间就很难分清火车是在走还是已经停了。芝诺的想法可能来自他的想象，他想象着如果自己闭上眼坐在箭上飞，那箭就和不动一样。的确，芝诺的思想被后来的物理学证明了，一个物体在不同的参照系中，运动（静止）方式也不同。但是芝诺还想说明一个问题，就是无限的细分——将一个动作分成无数的细微动作——细微到静止。但在他的分析中还是遗漏了一点，那就是"静止"与"运动"并不是对立的。

芝诺在两千多年前就已经思考了这么多深刻的问题，真是可敬。他的思想对后来的西方思想传统也有不小的影响。

四、"我是如此的一无所知"

> 我现在唯一知道的事，
> 就是我一无所知。
>
> ——苏格拉底悖论

忽然之间，我面前的景物变得缥缈起来，等到重新清晰后，居然已是另外一个场景了。来前我与艾皖说好了，大概每处停留两天的时间，怎么这么快就换地方了？

只见大街上的人们三五成群来来往往，我已身处一个城镇之中了。

"唉，普斯留德，"一只手落在了我的肩膀上，吓了我一跳，"你愣在这儿干什么？"

"我？没事，随便站一会儿。"我又成了普斯留德了，这个普斯留德是谁？

"普斯留德，我有一个问题不明白想要请教你，你能帮我解答一下吗？"

"我能解答吗？"

"你可以想一想，也许能帮上我。"

"那好吧。"

"如果我的鞋子坏了，想要修鞋，我应该找谁？"

"那当然是去找鞋匠了。"

"那如果我家的桌子也坏了，又该找谁呢？"

"自然是木匠了。"

"如果我的铜壶坏了呢？"

"找铜匠呀！你到底想问我什么？"

"那好，普斯留德，现在是国家这只大船坏了，你说该找谁呢？"

"这个嘛，应该找政府吧。"

"嗯，你说得有道理。"说完那个人就走了。这是什么意思？

现在该干点什么呢？这个人又是谁呢？他好像认识这个普斯留德。

"喂，普斯留德，你不去辩论园吗？苏格拉底已经去了。"

我扭头看见一个年轻人向我走来，连忙说："你说的是酷爱辩论的苏格拉底？"

"普斯留德，你今天是怎么了？连苏格拉底是谁都不知道了。你还有别的事吗？"

"没有，没有，一起去吧。"

我也不敢问这个人的姓名，就假装很熟悉的样子吧。我跟着他到了一片树林边，只见有两棵大树立在中间，就像是一个大门，左边一棵树上挂着一个牌子，上面写着"辩论园"。没想到还有一个专供人辩论的地方，这就是著名的苏格拉底的希腊时代。

据说苏格拉底称自己是一位"思想的助产士"，就不知是如何"助产"的。我们走进小树林，只见前面不远处已经聚集了一群人，和我同来的年轻人说："快点，苏格拉底开始说话了。"

我们挤进人群，只见刚才那个向我请教问题的中年人坐在一块岩石上，静默着，显得有些忧郁。原来他就是苏格拉底。他刚才问我的问题，难道就是在引导我去思考？

这时有人问："苏格拉底，你怎么了？今天怎么不问问题了？"苏格拉底停了停说："我刚从神庙回来，神没有告诉我什么是智慧。回来的路上我细细地想，只觉得我现在唯一知道的事，就是我一无所知了。"说完又陷入沉思。

过了一会儿，人群中传来叽叽喳喳的声音。有人对苏格拉底说："你怎么会一无所知呢！"苏格拉底没有说话。另外有人接着说："是呀，苏格拉底，你是我们当中最聪明的人了，怎么会一无所知。"

这时又有人说："苏格拉底，你还知道你一无所知，这说明你不是一无所知呀！"看来到了这种时候希腊人还忘不了争论。苏格拉底没有回答。"是呀，苏格拉底你不是最爱挑别人的错吗，现在自己也说出矛盾的话了吧！"苏格拉底只是抬头看了看天，就站起来走了，人群闪出一条道来，也许大家并不是要与苏格拉底争论，而只是想安慰他吧。

我看苏格拉底马上就要走远了，急忙追了上去。

"苏格拉底，等等我，我是普斯留德，我也有问题请教你。"

苏格拉底真的停下了，我追上他："苏格拉底，你说你一无所知，一定是想告诉我们什么吧？"

苏格拉底看了看普斯留德："其实我什么都没做，我只是想唤起每个人的记忆。如果一个人没有关于某事的记忆，再怎么说也是没有用的。"这大概就是"助产"的含义吧。

说完他就走了，我匆忙之间也不知道再问点什么了。

可是我们不能让伟大的苏格拉底变得"一无所知"呀！

问题出在哪儿呢？让我们仔细看看这句话。其中出现了两个"知"，我"知"道我无"知"。"知"在字典中有很多个解释，也就是说它有多个意思，其一为"知道"，即对事物的认识，另一为"知识"。"知识"的范围与"知道"的范围并不完全一致，我看完天气预报后知道明天又是一个"艳阳天"，但这并不是说我就具有气象方面的知识，并且我还"知道"我对气象知识"一无所知"。

类似地，一个没有知识的人却可以知道很多"张家长、李家短"的事，而一些大学问家偏偏就不知道这么多"张家、李家"的事。可见对这句话的误解来自对概念的混淆，尤其是利用语言、文字的同形或同音。现实中我们也常常对熟悉的事物不加注意，自以为已掌握了事物的真谛。其实每个事物都可以从多方面、多角度去认识。

五、"你的头上有角"

你没有失去的东西你仍然拥有，

你没有失去你的角，所以你有角。

——长角辩论

普斯留德回到辩论园的人群里，大家还在议论苏格拉底的话，最后大家得出一个结论：苏格拉底一定有了新发现。

这时与我同来的那位仁兄问道："柏拉图今天也没来吗？"

"他向来不是很爱辩论。"

"我听到一个怪论，不知谁能解释。"

"说来听听。"

于是这个人问道："你有没有角？"

另一个回答："我没有角。"

"你能不能失去你没有的东西？"

"当然不能。"

"所以你不能失去你的角。"

"是的。"

"你没有失去你的角，那你现在有角。"

……

这个问题如果单从上面的问答中是很难分辨出关键所在的。因为这里面不只是涉及"有"和"没有"的问题。

"有没有"的问题只对那些已经存在的事物才有意义，而对世上不存在的东西来说当然也就不可能存在"有没有"的问题。因为一个人说"我没有钱"，是因为世上有"钱"这个东西而这个人没得到、没拥有；如果一个人说"我没有翅膀"，别人就会以为他在发烧或者在幻想，因为世上本就不存在长在人身上的翅膀。只有对存在的东西才能问"有没有"的问题，这个很好理解。出现这种"似是而非"的说法，原因是在现实生活中人们常常对不存在的事物也用"没有"这个词来描述，比如传说中的"独角兽"本不存在，但说起来总是"世上没有独角兽"。

日常语言的不严谨并不应该成为我们思想混乱的理由。

可是又有人说了："'独角兽'存在——至少它在我们的意识中存在。"

于是我现在要告诉全世界的是：你们现在看到的是一位世上最伟大的作家的作品，同时他也是世上最富有的富翁——他的财产比世界五百强的总和还多四百九十九倍，至少这一切现在就存在于我的意识之中。

可是我还没陶醉到这般地步，我所知道的是："一位世上最伟大的作家同时又是世上最富有的富翁"这样一个人并不存在，存在的是关于"一位世上最伟大的作家同时又是世上最富有的富翁"的意识和具有这个意识的这个人。

世上不存在长在人身上的角，所以你永远不会失去它——因为你从来不可能拥有。对于世上本不存在的东西，又怎能问有没有！

因为你不能拥有不存在的东西，所以你当然更不会失去不存在的东西。

六、什么是民主

完善的民主选举不只在实际执行中，
而是在原则上就是不可能的。

——阿罗悖论

大家正在谈论，只见不远处又聚起一堆人，有人在演讲。我赶紧也凑了过去，演讲人正在讲雅典的民主制度："我们的民主是最广泛的，就是一个部队的将军也必须通过大家的选举才能决定。"

有人问："克里提斯，你说的民主是否一定是完善的？"

"当然很完善。这是我们雅典人的传统。"

可是真正的完善谈何容易。

我带着现代人的理解问道："请问克里提斯，你说的完善指的是什么？是说选举的结果是最公正的吗？"

"难道你会认为不公正吗？普斯留德。"

"对不起，我问的是'完善'的意思，而是否公正只是我自己对完善的理解。现在我想知道的是你说的完善是什么，如何才能保证像你说的完善？"

克里提斯说："因为我们已经建立了选举的制度，这个制度就能保证结果是完善的。只要依据这个制度得出的结果就是完善的。"

我说："不知道大家是否已经听出他的话里的矛盾。如果依据制度得出的结果是完善的，这个制度当然就能保证结果的完善，这还用你说吗？但是我想问，到底是这个制度是完善的，还是得出的结果是完善的？并且你还是没说出'完善'是什么。"我之所以这样为难克里提斯，是因为这个曾经向苏格拉底求教过的政治家最后成了与苏格拉底对立的带头人。

其实完善的选举制度至今也很难实现，甚至可能根本不存在。我们唯一可以依据的就是"多数原则"。

提到选举问题我们就不能不提到阿罗先生。诺贝尔经济学奖获得者、美国斯坦福大学教授阿罗提出一个被称为"阿罗不可能定理"或"阿罗悖论"的观点。举个通俗点的例子，一个人喜欢看电影胜过看电视，看电视胜过听京剧；第二个人喜欢看电视胜过听京剧，听京剧胜过看电影；第三个人听京剧胜过看电影，看电影胜过看电视。现在三人投票选择各自的偏好，结果很明显没有一个能获得多数票而通过，因而又称作"投票悖论"。

虽然这种选择只会出现循环投票并且毫无结果，并不会出现直接的矛盾，但是一项选举始终得不到结果，这本身不就是一个"悖论"吗？后来另一位经济学家阿马蒂亚·森修正了这个说法，但是仍然存在不少的假设在里面，可是我们知道生活中是不会允许太多的假设的。

最广泛的民主是可能的，但是必须有一个前提，那就是对"民主"这种权利的掌握，过分地行使"民主"实际上就会侵犯他人的"民主"。很多人都曾幻想过，"如果这个世界上只有我一个人该多好"，可是只有一个人的社会，那该多寂寞，到那时也就不会再有什么"民主"了，因为那时"民主"和"独裁"又有什么区别呢？所以"民主"的本质就是来自"多数"，也许现在还不能做到"完善的民主"，但我们可以期待，随着"民主"意识的提高，也就是人们真正能掌握如何行使民主权利的时候，社会全体的"民主"才能实现。那时个人的自由意识将与全体相一致，"多数原则"就能如它想要的样子存在了。

阿罗不可能定理（阿罗悖论）不能靠改变研究方法得到解决，而是要靠社会的不断前进才能最终达到"完善的民主"。

历史悖论

"历史"是历史学家的"历史"，还是每个个体自己的
"历史"，还是有一个独立于一切事物的纯粹的"历史"？

历史的可变性让人觉得历史好像是虚假的,实际呢?

速度悖论

这个悖论可以说是一个数学问题,也可以说是一个物理问题,还可以认为是一个哲学问题,就看你怎么理解它了。芝诺悖论(Zeno's Paradox)与此类似。

飞矢不动(芝诺悖论)

同样来自古希腊的芝诺。与上面的速度悖论具有类似的关注点,但又有自身的侧重点。

苏格拉底悖论(Socrates' Paradox)

顾名思义来自苏格拉底,但是否出自他本人之口就很难知道了。因为苏格拉底从不著书立传,应该是来自他的学生的描述甚至是"演义"。

长角悖论

这些古老的问题都有一个共同点,就是来源不详。只有大概的时间和地域,却不可能找到具体的责任者,一来当时并不注意知识产权,再者也可能出自后人的附会。

阿罗悖论(Arrow's Paradox)

又名投票悖论(Voting Paradox)或者阿罗不可能定理(Arrow's Impossibility Theorem)。肯尼斯·阿罗是诺

贝尔经济学奖获得者，他在自己的博士论文中证明了该定理，并由于 1951 年的《社会选择与个人价值》一书而广为人知。他的证明中利用了很多数学知识，可见数学思维已经广泛地应用于社会及经济学领域了。

第三篇

历险篇

第九章

诺斯镇

一、奇怪的"袜子"

怎么能选出无数双袜子？

——袜子问题

等我从实验室的发射器上醒来时，才发现艾皖已经躺在沙发上睡着了。第二天，我问他为什么不停地变换地方，而且时间不长就结束了旅行。艾皖说自己实在撑不住了，又怕时间久了会出问题，所以就设定了时间和地点，到时就会自动停止。

原来我就这样被他打发了，这可是难得的跨时空旅行呀！这个艾皖也未免太不郑重其事了。

后来经过一段时间的练习，我逐渐掌握了机器的基本操作，没想到艾皖首先要去探索的是金字塔的秘密。于是我就将他发送出去了，不过我还是有些担心，那个地方也许不太安全。果不其然，在我迅速关闭机器后，艾皖说的第一句话就是："吓死我了！"原来他遇到了一伙沙漠中的强盗。

接下来的一段时间工作特别繁忙，艾皖和我也没顾上再去哪儿穿梭旅游。有一天，我忽然收到一个多年未联系的朋友发来的邮件，邀请我借工作之便去他那儿看看，还说有件事想拜托我帮忙。于是我就写了一个考察申请，计划顺便考察一下诺维亚斯半岛的湿地保护情况。

诺维亚斯湿地是当今世界保留最完好的湿地生态系统，我的朋友嘉维勒就在离湿地不远的诺斯镇上教书，他可称得上一位理想主义的志愿者。当他听说这个地方的文化、教育落后时，就决定离开城市去诺斯镇当老师。我们已很久没见，不知他现在可好。

嘉维勒是个标新立异、特立独行的人。他常常整个下午坐在田垄上，一直等到太阳落入西边的群山之中。我去了之后大半的时间就是陪他这样坐着，几乎没有交谈，因为我每次刚要说话他就打断我，让我静静地看天空或者闭目养神，总之要静。开始我很不舒服，坐不住，慢慢地我似乎在与大自然交流。白云、树木、岩石、禾苗、小虫，甚至远处的炊烟都会说话，那么轻柔、那么温暖，最令人激动的是太阳落山时的晚霞，漫天的云彩……描写的语言再美也难及万一，若非身处其中，简直难以相信世界上有这样纯净的所在。

嘉维勒在村子里教书，平凡得就像没有存在过。可是如果我不认识他，不来看他，不愿陪他坐着，或者坐不住，也没能静静地感受，如果……那么也许我永远无法得到与大自然交流的快乐。至少我要感谢这样一个平凡的人。

村中的夜很静，静得可以听见自己的心跳，在心跳声中一个人可以如此强烈地感到自己生命的存在。嘉维勒和我聊了很多当地的风土人情、民俗世风，遗憾的是我大都忘记了，其中一个印象比较深的故事是关于"袜子"的。

英伦三岛的气候与欧洲大陆的气候差别很大，其实对于不适应英国气候的人来说，在英国生活恐怕不得不拿出一部分精力与气候作抗争，这种磨炼的结果可能是两种截然不同的表现。一种是不断忍耐后的爆发，由此塑造了大英帝国的辉煌；另一种就是安静的绅士风度，这表现在对历史的思考和永无止境的追忆。这两种性格的结合正是对罗素的最好描述，他的沉思与智慧始终伴随着他的宁静背影，而他的思想却在夜空中不断爆发。他的思想涉及哲学、逻辑学、数学、政治学等领域，并获得了诺贝尔文学奖。

有一次罗素思考了这样一个问题：我们能按照某种规则从无数双鞋子里选出半数的鞋子，但我们能不能按照某种方法或规则从无数双袜子中作类似的选择？

这是个很奇怪的问题，不是吗？

我先来解释一下："按照某种规则或方法"的意思是，比如在鞋子中我们可以规定只取右脚的（或左脚的），那么我们只要按照这个规则一只一只地取出，最后一定是其中的一半。但是袜子呢？在这里还请注意，数量是——无数，如果是有限多的，我们就能够——比如以计数的方式——实现，但由于是无限的，我们就没有办法计数了。无数双袜子堆在一起，我们有没有一个办法从原则上取出其中的一半呢？

二、天才的解答还是天才的逃避

我们不能一只一只地选出来，

但是我们可以一下子选出来无数只袜子。

——天才的回答

不知你是否已经想到了办法，我也曾经想过一些，但都不是问题真正想要说的。我曾设想可以将所有的袜子排成一排，我们只要每隔一只取出一只，不就行了吗！可是这里又出现一个问题，一共有无数只袜子，我什么时候能排完，更别说还要再取一遍。看来只要涉及计数这个问题就很难解决，我有时候都希望自己永远没有听过这个问题，那多清静呀！

可是这样奇怪的问题，难道就不值得思考一下吗？

后来我忍不住问他到底是怎么回事。当时我心想，万一是个什么脑筋急转弯的题，我还瞎琢磨岂不是大大的冤枉。比如，虽然袜子是不分左脚袜子和右脚袜子的，但现在也有为个性化的考虑生产可以区分左、右脚的袜子。另外，我们还可以为每双袜子的左、右脚各做一个标志以示区别，就像有些品牌袜子都在边上织着标记，这样问题不就解决了？

不过这些想法并不是我们现在说的故事中的罗素"袜子"。因为罗素的"袜子"想要告诉我们的不是有没有可能区别袜子或是如何区别的办法，而是想告诉我们一个更不可思议的道理。他解释了一大堆，最后我以简洁的语句将内容概括如下（当然这里的袜子是不考虑左右的）：

真的，到现在我还不太相信那些智慧的人是这样解决的：他们说，我们的确无法按某个固定的程序或步骤来实现这种选择。这种说法的意思是：假设我们可以用计算机程序指挥机器人干这件事，但我们却永远也设计不出一个这样的程序用来指挥机器人。同样的，鞋子就可以设计出这样的程序，比如有一个"取左脚一只鞋"的命令，机器人就会不停地按这个命令执行下去。但是对袜子不行。于是，既然存在无数双袜子，那么我不必一只一只地取，而是一下从这无数双袜子中取出一半。既然取一只也是取，取无数只还是取，干脆就来一下。当然这里承认了的确可以存在无限！

现实中有很多科学家并不接受这个结论，认为这太超出我们的直觉了，可是我们的直觉就是正确的吗？

坚持到这时，我其实已经快睡着了，含含糊糊地问他："这是什么，有什么用吗？"

那天晚上我梦见自己睡在晚霞上。

三、诺维亚斯湿地

世界的洁净就是来自这种浑浊的地方。

任何形式的保护都是另一种破坏。

——生态悖论

第二天，我请嘉维勒带我去诺维亚斯湿地考察一番。我们出发不久，身边的景物就开始变得凌乱、陌生起来，到处都是从未见过的动植物，嘉维勒说这片湿地保留着湿地的全部特征性生态物种。而现在不停刺激我们嗅觉的是腐烂的植物与污泥混合在一起的味道，其中还夹杂着类似有机肥料的刺鼻味道。难道这就是世界保护最好的湿地，还是我根本不懂什么是湿地？

嘉维勒告诉我，想要真正了解这片湿地，我们必须等到夜间。我忽然有点恐惧，这片湿地看上去比丛林还要莫测高深，这里的夜晚又会是什么样子？

嘉维勒随手抓起一把污泥："这些是腐烂的植物和泥土混合在一起后由于化学反应逐渐变成的，它们可是有很大作用的。""有什么作用？把你的脚陷进去？""别开玩笑了。"我们转了整个湿地的很小一部分就感觉有些累了，而嘉维勒早已准备好要在这儿过一夜，其实他是想让我多观察一下这个地方。

中午我们找了块较干燥的地方休息、吃饭。可是周围的味道很不适宜吃饭。嘉维勒却说："在这里生活的动物岂不是天天如此。""可我们不是它们。""没错，但是人类却可以改变这里，变成我们的世界。"我觉得他的话里有话："难道这里也要被开发吗？""据说是的。""可是现在大家早已知道，我们必须保护湿地，否则我们是在毁灭自己呀！"嘉维勒说："那又有什么关系，这里有这里的需要，难道只允许别处毁灭湿地，换来所谓的财富，就不允许这里也这样做吗？"我无法回答他。

夜色刚刚降临时，我感觉这里所有的生命似乎都开始蠢蠢欲动。偶尔从背后传来窸窸窣窣声，我的脊梁骨就感到一丝凉意。随着夜色加重，我的内心变得越发紧张，虽然我知道嘉维勒很熟悉这片地方，可是那种由陌生产生的恐惧感挥之不去。

我们坐上停在洼地里的小船，渐渐地向湿地深处划去。忽然传来几声"小孩子"的哭声："那是什么，这里怎么会有小孩？"嘉维勒笑着说："别紧张，那是猫头鹰。"我还是第一次注意到猫头鹰的叫声会像新生儿的声音。顺着嘉维勒手里的灯光，我果然看见了一只猫头鹰，它转过头盯着我们看，不知道它在想什么。

就在这时，我的余光瞥见一个黑影在我们的左前方晃动了一下，赶紧照过去，一片寂静。"嘉维勒，我好像看见什么动了一下。"嘉维勒盯着看了一会儿："没关系，这里面的动物很多，也许是青蛙什么的。""这里有什么大东西吗？""也会有鳄鱼，或者巨蟒。""什么？难道我们还要继续待在这种地方？"

又是"哗啦"一声，这次嘉维勒也看见了，原来是一条小船，上面坐着两个土著居民。嘉维勒跟他们说了几句我听不懂的话，两个土著又划着小船消失在黑暗里。偶尔袭来的一阵风总是令我浑身一哆嗦，不知为什么，我总有种想要逃跑的感觉。

我简直怀疑自己是否还在地球上，忽然，我们的船一偏，我"扑通"一下掉进浑浊的水中，瞬间我感到浑身冰凉，嘉维勒一把将我拉起来，只听身侧传来动物牙齿相碰的声音，我居然出了一身汗——当然是吓出的冷汗。接着又是"噗"的一声，随后是一阵巨响，小船不停摇晃，水花四溅。等我定下神回头再看时，一条巨大的鳄鱼已经死在我刚才掉进水里的地方，鳄鱼身上插着一杆长长的标枪。

我心有余悸地说："嘉维勒，是你救了我。""是他们救了咱俩。"这时一条小船从一片高高的草丛中划了出来，两位土著朋友向我们招了招手，然后划向那条鳄鱼。

我的身上越来越冷，我们不得不提前结束这次湿地"考察"。

嘉维勒在一闪一闪的火光中略显得有些不好意思："真不该让你跟我一起在夜里待在那儿。"

　　"你在说什么，其实这是我接触湿地最近的一次。虽然有些惊险，可毕竟更加了解了湿地的生存规则。不过我还是有些不明白，难道这就是世界上保护最好的湿地？"

　　嘉维勒看了看我："我不明白你的意思。"

　　"我是说，居民可以任意捕杀鳄鱼和其他动物，这样的状况能叫'保护'吗？"

　　"那你以为怎么做才能称得上'保护'？"

　　"至少不能允许随便捕杀动物吧！虽然它们可能吃掉我。"

　　"他们已经这样生活了很久，而现在我所知道的是这里的湿地或者生态系统还是最自然、最原生的，远比受到人类保护的任何地方都更和谐。"嘉维勒的语气似乎还带着某种对土著人的赞赏。

　　"更和谐？人们猎杀动物，而你认为这很和谐。"

　　"其实人也是生态环境中的一部分，也是生物链的一环，为什么不能捕杀动物？问题是不要用各种机器捕杀所有的动物。人类的开发和对自然界的掠夺，其实把自己从生物链的一个环节过分夸大，变成了一个终点。"

　　我沉默着，不知说什么。

　　嘉维勒又说："其实自然界不需要人类的保护，它只需要人类不再破坏。任何形式的保护都是另一种破坏。"这种想法似曾相识，那个叫伊莲娜的志愿者也是如此，也许只有那些真切感受到自然的人才会有如此一致的观点吧。

　　虽然我知道湿地的重要，可是说真的我对它没什么好感，直到后来嘉维勒说了一句略显矛盾的话我才真正认识到自己的狭隘。他说：

"世界的洁净就是来自这种浑浊的地方。"

猛然间，我仿佛俯瞰到蔚蓝的星球——带着她的孩子们——在夜空中欢快地旋转！

四、塔索的故事

一切都是可能的，

不可能也如是。

——性质悖论

我还是非常感谢嘉维勒，虽然他叫我来的目的不是考察湿地，也不是感受自然。

直到第三天他才告诉我叫我来此的目的。仍然是在他那座寂静的小院里，我们看着天边的晚霞。我已习惯了寂静，嘉维勒却忽然说："这次让你来是想请你帮一个忙。"

我都差点忘了他在信上说过这事。"噢，什么事，你就直说好了。"

"其实我也说不清。"

"别开玩笑了！你还不知道怎么回事就把我大老远地叫来，不会是就为了让我见识见识鳄鱼吧。"

嘉维勒嘿嘿地笑了："真的，我说不清楚，但你还是先耐着性子听我慢慢讲。"

"好吧，你慢慢讲，不过别再讲什么动脑筋的事了，我真的很想休息休息。最好讲个童话故事什么的。"

"这虽然不是童话故事，至少也是一个神秘的'传说'。"

"传说？说来听听。"我自己也不知道为什么会对稀奇古怪，甚至是不可能的事产生的兴趣远比伸手可及的东西更强烈。难道人类的天性就在于此？

嘉维勒说："这个故事是几年前这里的塔索老人给我讲述的亲身经历，塔索老人去世时已经111岁了。"

"那还能叫传说？应该是一段往事呀！"

"可我觉得更像是传说。"

塔索年轻时经常与同伴出海捕鱼，有一次在深海处遇到了暴风雨。

"年轻者号"向东行驶在平静的海面上，利维船长和船员们都在甲板上享受着阳光和海风。

利维船长高兴地说："这次可是大丰收啊，至少大伙可以休息一阵了。"船员们也打开酒瓶为即将到来的胜利庆祝。就在大家热情正高涨的时候，利维船长忽然从海风中闻到了淡淡的咸味，凭着他多年的经验，他感觉最不愿意见到的事情可能就要来了。

他独自凝神看着远处，希望这只是一个错觉。可是他已经看到远处隐隐约约的乌云正向这边移动，利维船长立即呼唤船员："大家赶紧回到各自的位置，暴风雨马上就要来了。"船员们还没反应过来，更奇怪的是，到这时监控室还没发出警报。暴风雨和海啸将同时到达这片海域，而他们的"年轻者号"渔船就在这片海域的西南方向。利维船长命令马上调转方向返回西部海面，争取能冲出这片海域。

可是暴风雨来得实在太快，"年轻者号"刚刚驶出几海里，狂风夹杂着海水已经扑面而至了。幸亏塔索与另外四个同伴已经将船帆落了下来，不然现在"年轻者号"恐怕已经开始下沉了。海水不断涌进船舱，天空被密布的乌云遮挡，变得就像黑夜一般，刚才的宁静似乎在瞬间成了遥远的记忆。

诺斯镇最大的一艘海船在大海的呼啸中竟变得像一只孤苦无依的海鸟，不停地振翅却又寸步难行。

利维船长亲自把舵，这位海上的英雄所能做的也只是多支撑一会儿而已。船员们虽然都是经验老到的水手，但是在大海的怀抱中依然像是无力的孩子。

"咔嚓"一声，主桅杆被狂风折断，瞬间消失在黑暗中。塔索穿着救生衣，死死抱住一块破碎的木板，他知道接下来就是等待了。"年轻者号"沉没了，其实每个水手都知道，这时唯一可以期待的奇迹就是能够活着，至于收获，连想都不要想了。

大多数船员都已经昏迷在海水中，被营救或者坚持下去的可能已经微乎其微。

等塔索睁开眼时，他知道自己还活着，因为他又看到了阳光。

他站起身，惊奇地发现所有的船员都躺在一片草地上，并且水手们的伤口都已被包扎好了。这是怎么回事？

塔索自言自语地说："这怎么可能？"

"一切都是可能的，不可能也如是。"一个声音从身后传来。塔索转身，看见一位中年人从后面的树丛里走出来。

五、我要离开

一粒麦子构不成麦堆，

两粒也不行，三粒也不行……

所以无论多少麦子都不是麦堆。

——麦堆悖论

水手们一个个醒来，塔索问那个中年人："为什么说'不可能'也是可能的？"

"如果一切都是可能的，而'不可能'也是包括在'一切'之中的，所以它也是可能的。"

"但是……"

"你们原本以为自己还可能活下来吗？"

"不可能。"

"但是你们还活着，不是吗？"

大家当然知道自己还活着，可是到底发生了什么？难道这里不是人间？

"你们随我来吧。"

大家看了看利维船长，利维船长说："大家还是听他的吧，我现在也像你们一样。"

中年人是村长，名叫洛修特。洛修特村长给大家安排了住处，没作任何解释。第二天，利维船长和几个船员发现村子里的人都在忙着修建一个城堡，于是接下来的两个月里大家都参与城堡的修建中。没有任何人向他们解释所发生的一切，最后塔索忍不住问利维船长他们打算什么时候回诺斯镇，利维船长也不知道该怎么办，于是他带着塔索和另外两名船员找到了洛修特村长。

利维船长说："洛修特村长，是你们救了我们的命，但是到底发生了什么事，我们还是一无所知，我们想知道事情的真相。"

洛修特村长沉默了一会儿："你们是不是想回去了？"

塔索说："是的，洛修特村长，这里毕竟不是我们的家。"

村长说："可以，其实你们随时都可以走。"

"但是我们很想知道发生的事情。"

"其实也没什么，村里人看见你们的船沉了，大家总不能见死不救吧。"

"但是我们在这片海域根本没见过有任何岛屿呀？"

"也许是你们没注意吧，这个村子已经存在上百年了。"

大家也只能接受这个说法，虽然船员们都知道在这片海域图上的确没标注这个地方，也许是制图人员出的差错。

洛修特村长接着说道："你们如果想留下来也可以，等城堡建成后，大家就没什么事情了。年轻人平日里只是思考一些问题，不用做什么事。"

利维船长说："可是我们还有家人。"

"没关系，利维船长，对想回家的我们不会阻拦的，只是回去的路也很危险。"

其实这个地方出奇的美丽，两个月来大家都喜欢上这个地方了，听说要走，有些人还恋恋不舍。因为大多数船员都是年轻人，他们对家乡的怀念远没有利维船长强烈。利维船长告诉大家，如果有谁不想回去，洛修特村长答应可以留下来。但是他必须回去，因为他的妻子和孩子还在等着他呢！

两个月后，船员和村民们一起帮助利维船长和几个要回家的同伴造好了一艘船，于是利维船长、塔索和另外四名船员告别了洛修特村长、同伴和村民们，驾船驶向了诺斯镇。

大家祈祷着不要再遇上风暴。又是一个阳光伴着微风的好天气，塔索想起了临别时洛修特村长告诉他们的一个村子里在思考的问题。

洛修特村长问他们："一粒麦子算不算一个麦堆？"

他们互相看了看："当然不算了。"

"那么两粒麦子算不算？"

"不算。"

"三粒呢？"

"不算。"

"四粒、五粒、六粒……"

……

洛修特村长说："如果这样下去，那就是说无论多少粒麦子都算不上一堆了，可是我们毕竟可以看见麦堆，这到底是怎么回事呢？"

大家一时都说不清楚。洛修特村长说："你们可以带着这个问题回去思考，祝你们一路顺风吧。"

其实在这儿的几个月里，大伙都听到了不少各式各样的问题，有人就是因为被这些问题所吸引才决定留下来的。这时村长又说："我们村子里有个五岁的孩子提出了一个解决这个问题的办法，已经被长老们接受了。其实我想告诉你们的是，回去后除了为生活奔波，也要在闲暇时多思考思考，我相信你们会有许多意外的收获。"

塔索忍不住问道："洛修特村长，你知道这个小孩子叫什么吗？"

洛修特村长笑了笑："你为什么想知道他的名字？"

"我想他长大后一定能成为一位非常有名的智者。"

"是的，他会成为一位智者，但不会很有名。"

"为什么？"

村长停顿了一下："我是说也许。他叫微谷，微风的微，山谷的谷。"

六、故地重游

"什么？微谷？"

嘉维勒愣了一下："你听说过？"

"噢，你先接着说吧。"

利维船长和塔索他们终于顺利回到了诺斯镇，镇上的人都为他们的遭遇感到庆幸。可是一直令塔索念念不忘的是那个神秘的地方，没想到这次经历竟成了塔索一生的挂念。后来利维船长和曾经一起到过那个地方的同伴都相继去世了，塔索也已不再年轻。有一年诺斯镇来了一个年轻人，塔索告诉了他这段经历，没想到过了几天这个年轻人又找到塔索，说他找到了一种解决"麦堆问题"的办法。

他说问题不在于几粒麦子能形成一个麦堆，而是什么东西被称为"麦堆"。塔索和一些知道这个问题的人都感到很纳闷，"麦堆"就是一堆麦子嘛，难道还能是别的东西？这个年轻人说："问题就出在这儿了。其实很少的一把麦子，只要我们把它堆在一起，也可以叫作一个'麦堆'。"是呀，没人说过麦堆一定要很大。年轻人接着说："所以现在的关键是我们如何规定'麦堆'。"

"如何规定？"

"对，如果我们规定一百粒麦子放在一起就能叫麦堆，那么一百粒麦子就是一个麦堆。"

"这也不合理，如果我把一百粒麦子平铺在地面上，再怎么说也不是麦堆吧。"

年轻人笑了一下："没错。所以我们还要规定放这些麦子的办法，比如让这些麦子所占的底面积越小越好，简单点说就是让这些麦子在地面或者桌子上尽量垒得高一些，这样它们与平面的接触面积就会越小，当然并不要求最小。这样放置出来的是不是我们平时说的'麦堆'了呢？"好像是这样的，对这一点大家也提不出什么意见了。

"所以说这个关于麦堆的悖论其实是利用了模糊概念，因为日常中我们并不说多少粒麦子叫'麦堆'，而只是笼统地指着随便一些像我们刚才说的那样堆放在一起的麦子说'那是一个麦堆'。这个悖论正是利用这种说法的模糊性作出的不严格的推理。"

塔索仔细地想了想："对呀，原来是这样。"后来塔索又产生了一个想法，只是不知道那个年轻人是否愿意。又过了一段日子，那个年轻人来找塔索说他有个请求，当然要看塔索的意思了。

原来年轻人很向往那个地方，塔索也很想带年轻人再去一趟那个地方，结果当然是一拍即合。

这次可就方便多了，他们乘飞机到了离那个地方不远的一个城市，然后终于找到了。

七、奇怪的记忆

塔索没有想到的是在这里居然又碰上了当年的同伴。塔索和年轻人来到这个地方时，他看见有几个当年的同伴正在地里干活，他过去跟他们打招呼，他们也认出了塔索。

"嗨，你好，上次见到你已经是几十年前的事了。没想到你还会来我们这儿。等会儿我们一起回村子吧。"

塔索说："好吧，可是你们年事已高，干吗不让年轻人干活呢？"

"他们都有自己的事。"

"你们说话怎么都怪怪的，我是塔索呀！"

"我们知道你是塔索，你不是在我们村子里住了好几个月才走的吗？你们的那个船长还好吗？"

"喂，我说达洛夫，上次我们是被暴风雨一起吹来的同伴，你怎么糊涂了？"

"是你糊涂了！你们被暴风吹来，是我们村子里的人一起把你们救上来的。后来你们不是驾船回家了吗？"

塔索看了看和他一起来的年轻人："他们都怎么了？如果说他们得了失忆症，那应该把什么都忘了，可是他们偏偏还记得。只是内容都变了样。"

年轻人说："我感觉他们的记忆是被某种奇特的力量给改变了。如果仅仅是因为时间长的原因，那么记忆一定会变得模糊，而不会像现在他们说的那样清晰。"

"会不会是在这里待的时间长了以后，逐渐地改变了记忆？"

"不会，如果是这样我倒宁可相信是你记错了。"

"为什么怀疑我？"

"因为现在这个世上只有你一个人这样说，而他们都否认了你的说法，你觉得我应该相信多数还是少数？"

塔索叹息了一声："的确，我不知如何才能证明自己，也许根本不可能了。"

年轻人说："不可能何尝不是一种可能！"

塔索愣了一下，类似的话在他第一次来到这个地方时也曾听到过，但是洛修特村长大概早已不在人世了。

他俩随着村民回到了村子里。当塔索问起微谷是否在村子里时，大家都对他增了一分敬意，没想到这个人会认识他们的长老。其实塔索当年也没见过微谷，微谷当时还只是个几岁的孩子。

村民带他们到了一个大殿，找到了在里面思考问题的微谷。此时的微谷已经是位老人了。他听塔索说完以前的事，然后说："明天我再给两位解释我知道的事吧。"

第二天，微谷只约了塔索他们两个人，带他们来到大殿后面，然后沿着一条小路走了半个多小时。塔索终于认出来了，他们已经到了当年全体船员从暴风雨里被救出来的地方，这就是他从昏迷中醒来时见到的地方。

微谷沉思了很久，才说道："你们走后许多年，我与洛修特村长聊天时，他无意中说到当时有一些船员留了下来，但他马上就不说了。我后来在村子里打听这件事，居然没有人知道，他们都说当年的船员全部离开了。我想如果当年真的有船员留下的话，他们自己一定知道，但是我没找到这些人，或者说我也不知道哪些人是当年留下的船员。于是我开始怀疑洛修特村长说有船员留下来一定是记错了，但是昨天听你一说，我又觉得这里面一定还有其他的秘密。"

塔索说："是呀，昨天我见到以前的同伴，但他们好像已经记不起了，但是却又知道我曾经来过。我现在真是很迷惑。"

年轻人问道："那后来洛修特村长再没提起吗？"

微谷说："没有。在我问过这个问题后的第二年，洛修特村长去世了。"

年轻人说："你觉得有什么奇怪的地方吗？"

微谷看了看这个年轻人："是的。其实没有人亲眼见到村长去世，洛修特村长只是自己走进大殿的一间小屋，告诉大家自己就要离开人世了，从此那间小屋就被锁起来了，没有人再进去过。因为大家都不想打扰村长安息。"

年轻人又问道："洛修特村长真的就这样走了？"

"是的，他老人家一定是走了，因为他一进去就让人将屋门锁起来了，再也没有打开过。"

年轻人又问道："难道他临走时连一句话都没说吗？"

微谷想了想说："你这样一问，我倒想起来当时村长说了一句'是该回去了'。大家当时觉得这只是一个人的生命要终结时的话。不过现在我倒觉得有些奇怪了，因为回想当时村长的样子，好像就真的是离家很久马上要回家去了。"

"不知村子里还有没有其他一些奇怪的事。"

微谷摇了摇头，他又抬眼看着年轻人问他："我现在能问一下怎么称呼你吗？直到现在好像你还没介绍过自己。"

年轻人沉吟了一下说："其实也没什么秘密。塔索老人也问过我，我没告诉他，因为我四处漂泊就是为了解谜，名字不名字的就不太在意。不过说起来我还是喜欢自己起的一个名字，这是因为我曾经到过一个有着古老文明的国家，我非常喜欢他们的文字，所以就起了一个他们的名字——钱思哲。"

"啊，钱思哲！"我终于忍不住喊出声来。

此时我的心里激动极了，其时当嘉维勒说到微谷的名字时，我已经断定这个地方就是我和麦力曾经去过的——海德村。只是后面的故事更让我好奇，以至于根本不愿打断嘉维勒，但当听到钱思哲的名字时我还是叫了起来。

嘉维勒奇怪地看着我问道："难道你知道他们的故事？"

"我不知道，但我见过钱思哲。"

"什么？你不是得了幻想症吧？"

"说来话长。你先讲完，我再说给你听。"

嘉维勒的情绪也变得激动起来，不过他还是强忍着好奇心继续讲后来的故事。

塔索这时也说道："当时洛修特村长说'不可能也是可能的'，不知有没有含着其他的意思？"

微谷说："按当时的情景来说，这句话一定还有别的意思。不过单就这句话来说，还是有问题的。你觉得呢，钱思哲？"

钱思哲说："是的。其实这里有一个前提，'如果一切都是可能的'，但是并非一切都是可能的。如果按照类似的说法，岂不是有'如果一切都是不可能的，那么可能也是不可能的'。"

微谷点点头说："不错，'可能'是指一件事情不一定会怎样，而'不可能'是指一定不会怎样。如果在事情发生之前我们不能确定这件事情是否会发生，那时我们就只能说这件事是'可能的'；如果我们事先就知道一件事情一定不会发生，我们就会说这件事是'不可能的'。其实与'不可能'相对的不是'可能'，而是'一定会'，也可以叫作'必然'。"

　　塔索没想到这两个人这么爱讨论问题，但无论如何他们还是想不出这个村子到底有什么秘密。后来钱思哲答应微谷留下了，虽然洛修特村长告诉微谷这个村子今后允许外界的人进来却不要留下他们，微谷希望钱思哲能够继续探究这个只有他们两个人知道的秘密。塔索不得不独自一人返回诺斯镇来。

　　幸亏塔索回来了，见到了嘉维勒，把故事告诉了他，否则就真的没人知道这一切了。因为钱思哲已经永远地留在海德村了，而又没有人愿意相信上百岁的塔索讲的这个奇怪的故事。

八、感谢你，嘉维勒

你买了一百磅的土豆，它们含水99%。
将它们晾在外面，
你会发现风干后的土豆现在含水98%，
但令人惊讶的是，它们的重量成了五十磅！

——土豆悖论

　　嘉维勒说："塔索老人开始并没给我讲这段故事，而是在我们认识一段时间后才聊起来的。"

我问道："这又是怎么回事？"

原来塔索把这些经历告诉镇里的人，结果没人相信他，都说是他编出来的，至于问题嘛，也一定是他自己想出来给大家开玩笑的。可是我觉得这些问题并不是不可理解的，为什么大家会不以为然呢？

嘉维勒来了后，常给学生们出一些有趣的问题。有一天，塔索老人来找嘉维勒，说想向他请教一个问题。嘉维勒从未接触过塔索，但在镇里也对他早有耳闻，不知这次他要问什么问题。

塔索说他曾经听到过一个关于土豆的问题，他不明白，想请教嘉维勒。

问题是：一个人买了一百磅的土豆，它们含水 99%。将它们晾在外面，这个人发现风干后的土豆含水 98%，但令人惊讶的是，它们的重量成了五十磅！

这是怎么回事？

嘉维勒听完想了一会儿说："这应该是一个数学上的问题，并不太难。"

塔索说："对，是数学上的。你看，我说给别人，他们都说是我自己编的。我干吗要编呢？嘉维勒，你说这个问题是不是导致了矛盾的结果？"

嘉维勒说："没有矛盾。咱们来看，一百磅土豆，含水 99%，也就是说共有水九十九磅，还有一磅是其他固体物。土豆被晾干的意思是指水分被蒸发了，但这一磅的固体物没有被蒸发，所以剩下的土豆还是含有这一磅的。现在还剩五十磅，也就是还有水四十九磅，四十九磅水，五十磅总重量，含水不就是 98% 吗？"

"对呀，那为什么这个问题看上去好像有些奇怪？"

"主要是两个百分数捣的乱。因为从表面上看，好像只减少了一个百分点，但重量却减少了五十磅，其实只要细心一算就明白了。"

塔索点点头："这个问题其实是我在一个很神秘的地方听到的，只是这个问题并不像其他问题那么奇怪，因为你刚才已经给出了这个问题的答案，但是我以前碰到的一些问题似乎都没有答案。不过这个问题的确是当地一位爱好研究数字的人告诉我的。"

于是当天傍晚，塔索找到嘉维勒，将自己的经历告诉了他。嘉维勒不仅对村子本身充满好奇，也对村民思考的问题非常感兴趣。他没有怀疑这个地方的存在，只是也摸不着头脑。嘉维勒本想央求塔索带他去找那个地方，但是塔索年事已高，再没有机会去了。

塔索去世后，这个地方就时时出现在嘉维勒的梦中，他终于想到了我。

嘉维勒说完看着我："我最近越来越想找到这个地方，终于忍不住把你叫来了。我想你经常在各处跑动，也许能听到一些关于这个地方的消息。现在看来我是找对人了。"

"没错，不过我也是碰巧才到了那里。"于是我将自己到希思城，然后和麦力一起去海德村的经历告诉了嘉维勒。

最后我说："谢谢你，嘉维勒。"

"我也要谢谢你。"

看来还要再去一次海德村了。

选择公理（袜子问题）

罗素是个善于将深奥的问题通俗化的人，他用袜子问题来解释令很多专家都头疼的难题。选择公理本身不是悖论，但是在对许多悖论的证明中都使用了它，比如分球悖论的证明里就使用了选择公理，所以在此列出来介绍给大家。

生态悖论

来自生态保护者。热爱我们的家园已经成为全世界、全人类的共识，可是如何保护始终是缠绕我们每个人的困境。

性质悖论

英文称为 Smarandache Paradox，令 A 是某种性质（比如可能、存在、完美等）。如果所有的事物都具有 A 这个性质，那么非 A 也一定是 A。

麦堆悖论

诡辩悖论（Sorites Paradox）的一种说法。这个悖论是关于定义的，即如何定义麦堆。诡辩悖论是一组悖论，都表现为"一点一点"地变化。

土豆悖论（Potato Paradox）

数学问题。将此称为悖论有些牵强，但仍被很多数学书籍搜集为悖论的例子。

第十章

探秘海德村

一、出发前的准备

　　嘉维勒听我说完后，情绪非常激动，可是夜已经很深了。

　　第二天我要回去了，毕竟还要向公司提交一份关于诺维亚斯湿地的考察报告。我与嘉维勒约好等他们学校放假后一起去海德村。

　　令我没想到的是，我写的关于诺维亚斯湿地的考察报告竟然获得了当年的全球生态保护论文奖，其实我在报告里只反复强调了一个观念：人类如果想要保护一个地方，那就远离这个区域，或者像其他生物一样融入这个区域的生态之中，即便可能会被吃掉，而不要采取任何自以为是的举动，哪怕是充满爱心的一点点举动都将是多余的。

　　这个观点多少有些偏执了，但我也没办法。自从诺维亚斯湿地回来后的确就只有这么一个强烈的感受，我也希望人类能对自己的行为作出些补偿性的贡献，但是这次考察使我宁可相信任何举动都只是事与愿违。不过还是有一个意外的收获，开发诺维亚斯湿地的计划被否决了。

离嘉维勒来还有一段日子，我与艾皖在讨论一个问题。我们不知道通过时间机器回到过去时，我们为什么会是另一个人？唯一的解释是过去的那个人与自己有某种关系，但会是什么关系就不得而知了。另外艾皖提出一个问题：如果在同一时间出现在两个或几个不同的地方，那么我们岂不是会分身术？我不知道。按理说一个人不可能同时出现在多个地方，因为即便利用时间机器，也只能分别出现在不同的地方。唯一的例外可能是对时间机器来说的，现在的自己与通过机器回到过去的自己的确是同时存在于现在的时间观念里，但这是否两种可以并列的真实，而且思维能否彼此独立共存？这些都还是悬而未决的问题。

其实说白了，我们并不知道自己做了什么，也不知道自己正在做什么，将来会做出什么，可是却绝对地乐此不疲。

秋天还没来的时候，嘉维勒来了。

他来了以后恨不得马上就飞到目的地。但是艾皖问道："你们到底想去做什么？如果只是想去见识一下，那倒不必有什么特别的准备，你们再去一趟希思城就行了。"

"我不明白这是什么意思。"

艾皖说："如果我猜得不错，其实你们是想知道这个村子的来龙去脉，也就是解开这个村子的所有秘密。"

直到这时，嘉维勒和我似乎才有些明白自己想做的是什么。

"也许是吧。"

"可是如果你们现在到了那个村子，和你上次去又会有什么区别呢？不过是多知道了一些关于村子的事情，但还不足以解开其中的各种谜团。其实上次长老们已经将他们一直思考的问题告诉你了，难道这次你们会得到更多的答案？"除了机器以外，艾皖什么时候也变得这么聪明了？

嘉维勒略显焦急地问："那你的意思是我们根本就没必要再去了？"

艾皖说："不是，但要看怎么去。"

我瞪着艾皖说："你能不能不卖关子呀！如果有办法就说，如果没有我们就走。"

艾皖摆出一副蛮酷的表情："其实很简单！"顺着他的手指我们就看见了那台时间机器。

经过改装的时间机器终于可以挤下两个人了，艾皖要我们回到村子的历史之初，那样就能探寻最初的秘密了。我恍惚中在想，也许可以用这样的办法去远古蛮荒之初经历一下人类诞生的故事。

嘉维勒和我约好了暗号：各自在左手画一个手表。我们还决定每隔两个小时由艾皖给我们调换约二十年的时间段，一共大概需要十个小时，在海德村一个时段大概也就待四五天的样子。临行时我想起来提醒艾皖，外面的一天是海德村的两天。拜托了，艾皖君。

二、神奇的遭遇

嘉维勒和我不知道会遇到什么，其实最让我担心的是那次暴风雨，我们该不会正好出现在那艘船上吧！

一片茂密的森林，时不时地可以看见几只小鹿在奔跑，偶尔会听到几声巨响，就像是狮子或者黑熊的动静。草丛中唑唑的响声不会是色彩斑斓的响尾蛇吧？

　　这是什么地方？

　　"嘉维勒，你在哪儿？"

　　"我在这，听到了吗？"

　　我顺着声音走到了一处小灌木丛，只听嘉维勒大声喊道："快来帮我。"可是出现在我眼前的是一个原始部落的男人。"你是嘉维勒吗？"我试探地问道。

　　他也盯着我："我们约好的暗号是什么？"

　　"在左手画一个手表。可是为什么是手表？"

　　"我们要时刻谨记时间。"对上了。

　　我低头一看，原来自己也是身披兽皮的原始人打扮。我帮着嘉维勒从灌木丛中爬出来，这里除了我俩，什么人也没有。

　　"会不会找错了地方？"

　　"应该不会吧，我知道希思城的位置，艾皖的技术不会出现这么大的误差。"

　　没想到嘉维勒也有些担心了："可是这是什么地方呀！我们还要待几天？"

　　"大概四五天的样子。"其实我又何尝不担心，难道我们就要在这个丛林中生活几天，可是怎么活下去呢？与兽为伍吗？

　　我们找到一个较为开阔的地方，嘉维勒居然用一些干柴燃起了一堆篝火。由于当时我东张西望、心不在焉，以至于我至今也没搞明白他是怎么把那些木头点着的，可能是我们扮演的土著角色已经掌握了钻木取火的本领，或者是嘉维勒在诺斯镇野外掌握了一些生存技巧。

天渐渐地暗下来了，我们越来越担心，既没有食物，又害怕夜晚出现野兽。我想如果我们能顺利地回去，第一件要做的事就是改进时间机器，使两个时空的人可以通过某种方式相互传达信息。可是现在该怎么办？

就在这时我感到右腿外侧像是被针扎了一下，我伸手去摸，只感觉手背碰到了一个滑滑的东西，定睛一看，蛇！

幸亏我从小不怕蛇："嘉维勒，我可能被蛇咬了。"

"什么？"嘉维勒一下跳了起来。

"嘘，小点声，别惊走了它。还要用它当晚饭呢！"

嘉维勒蹑手蹑脚地走到我身边，这时那条蛇似乎感觉到有人接近了，蛇头一下立了起来，蛇信子发出咝咝的声音。嘉维勒小声地说："抓住它的七寸。"

我哪知道它的七寸在哪儿，可是也来不及分辨了，大概位置吧！我趁着这条蛇注意嘉维勒时，一把抓住蛇头下面的部位，另一只手同时掐住了蛇的头部，身体在这瞬间也扑了过去，嘉维勒也蹿上前，这条蛇终于在我俩的不停捶打下不动了。

可这时我的右腿感到有些痒，渐渐地有些肿了，很快就开始感到伤口疼痛。嘉维勒一边麻利地撕开一些树皮，一边说："这可能是神经性蛇毒，要比出血性蛇毒好一点。"

"好一点是什么意思？"

"最长可以多支持一天左右。"我还以为他有什么办法呢，多一天当然好，可是也好不到哪去。伤口处有两个较大的牙印，嘉维勒用力将搓好的树皮系在伤口的上方，然后扶着我走到一条小溪边，不停地用冷水冲洗伤口，十几分钟后我感到右腿渐渐失去了知觉，他忙将树皮绳放松，过了两三分钟重新又系上，反反复复了几次，可我还是觉得呼吸越来越急促。

艾皖跑到哪里去了？按理说此时我在实验室里也一定会有反应的，这个家伙不是这么靠不住的人呀！

嘉维勒不停地用力挤伤口里的毒血，而我的意识已渐渐模糊了。

天空黑得厉害，狂风随之大作，天空飘起了雨，几乎就在几秒钟的时间里，就变成倾盆大雨了。这里下雨的加速度未免太快了，小溪里的水不断地涨高，嘉维勒扶着我快步向刚才的火堆方向走去。火当然早已灭了，但是这里有一块凹进去的山体，权当作避雨的地方吧。

闪电夹着雷鸣，伴着狂风和暴雨，还夹杂着树木的断裂声，山坡上的泥石流声，海水不停地奋力拍打海岸声，东蹿西跳、无处可藏的动物们发出的声音……

整个大地似乎都已陷入可怕的黑暗与混乱之中，此时嘉维勒和我只能静静地待在这一片小小的岩石边，不知所措。

更可怕的是，我竟然看见一道亮光从天际落入了不远的丛林中，这令我想起了来世的召唤。我想也许我该走了，因为我已经渐渐听不到这混乱的大地上所发出的一切声音了，这黑暗中的混乱似乎离我越来越远，终于消失了……

一股暖流传遍了我的右半身，我慢慢地睁开眼睛，天空清明，白云飘忽，阳光灿烂，空气清新，嘉维勒在看着我笑……

难道这就是天堂的模样？

"你终于醒了。"

三、救命的"乒乓球"

乒乓球与地球一样大。

——结构悖论

"你们必须回答我提出的问题,否则没人能活下去。"一个中年人的声音从我的头顶上方传来。

嘉维勒看着那个中年人的方向:"如果我们根本回答不出呢?"

"你们只要思考就足够了,没人一定要你们找到什么答案。"这个人似乎也受了什么伤,语气显得无力并且急躁,但却含着一种说不出的力量,这种力量大概是来自他说的即将消失的每个人的生命吧。

"你说吧!"

"乒乓球与地球哪个大?"

嘉维勒毫不犹豫地回答道:"地球。"

那个声音显得有些生气和不耐烦:"要用你的脑子思考,我还没说完。"

我没想到自己还能笑,这说明我的生命一时半会儿还没问题。

那个声音接着说道:"如果我从乒乓球上找到一个点,同时我也可以在地球上找到一个对应的点,乒乓球上的每个点我都能在地球上找到对应的点。有问题吗?"

"没有。"

"所以说乒乓球和地球一样大。"

嘉维勒想了一会儿说："但是您知道，地球不是圆的，至少没有乒乓球那么圆，所以它们之间的点不可能一一对应。"

那个声音显得有了些力气："你倒是很细致。不过我们可以假定地球就像乒乓球一样圆，这时你又怎么解决这个问题？"

嘉维勒陷入了思考之中，此时我也开始想这个奇怪的问题。

的确，无论是不是用乒乓球和地球作比较都无关这个问题本身，因为对任何两个大小不同的球体都可以作这样的询问。既然在它们之间可以找到一一对应的点，那么也就是说，乒乓球上的点不会比地球上的更少，而地球上的也不会比乒乓球上的更多，所以它们就是一样大。可是这怎么可能？至少我可以站在地球上，而不能站在乒乓球上呀！如果它们一样大，那么我到哪去了？按照这个道理，岂不是还有一个小我在乒乓球上可以与我相对应，并且我们是一样大小的？这都是什么呀！

时间静静地流逝着，我们越是着急就越迷惑。

那个中年人这时站起身来说："你们表现得很好，现在你们和我一起去救人。"嘉维勒奇怪地问他："我们还没回答出来，何况我这位伙伴被毒蛇咬伤了，根本不能走动。"

"他已经可以走了，毒已经解了。"

我将信将疑，慢慢地用力起身，哪有半点障碍！这又是怎么回事？

感觉更奇怪的是嘉维勒，因为我昏迷后他一直在我身边，后来雨停了，星星出现在夜空中，嘉维勒看见不远处有火光，就背着我走过去。这个人就坐在火堆边，嘉维勒把我也放在火堆边，问此人是怎么到这里来的，没有回答。就这样一直坐到天明，直到我睁开眼睛。

嘉维勒说那个人一动都没动过，直到我醒来他才开口说话，并且上来就问了个奇怪的问题。对于这样阳光灿烂的结果，我们只能相信那个人的话，正是奇怪的乒乓球和地球的问题救了我们几个人的命。

还有点奇怪的是，嘉维勒和我，包括那个中年人这么长时间都没吃过任何食物，但是当我起身和嘉维勒跟着他走向丛林中时，我们三个都显得神采奕奕、体力充沛，就好似吃了什么仙丹妙药似的。

当我们穿过一片丛林后，嘉维勒和我的眼珠子都快瞪出来了：在我们面前居然是一个优美的小村庄。这个地方昨天似乎还只是一片不毛之地。难道是我们在丛林中迷了路根本就没走到过这个地方？可是我们大致还记得这个地方就是嘉维勒给我洗伤口的小溪边啊。

嘉维勒看了看我，我看了看嘉维勒，现在我们比自己上了天堂还要迷惑。

四、相遇海边

我们跟着中年人到了村子里，村民们都围过来看我们俩，中年人说："给他们拿两件衣服换上，我们还要去救人。"

原来他们把我俩当成原始人了，可是还要去救什么人？

我们换好衣服，就和大家一起走向海边。嘉维勒拽了拽我的衣袖："会不会是去救塔索他们？"

我恍然大悟，我们终于找到了。

到了海边，果然看见大海里漂浮着船板的碎片，村民们有的直接游过去救人，有的在忙着准备药品和纱布，嘉维勒和我也忙着接应被救到岸边的船员。大家忙碌了大半天，终于将全部船员都救上岸了。那个中年人大概就是洛修特村长了，他说："你们都先回去吧，我在这儿等他们醒来后带他们回村子。"

　　村民们陆续返回村子，嘉维勒和我还想在这儿看看情况，迟迟未动。洛修特村长说："你们也先回去吧，这里暂时不用帮忙了。"

　　嘉维勒和我交换了一下眼色："我们只想在这待一会儿，万一出现什么情况，我们还可以报信什么的。"

　　"而且我们还想向你请教上午的那个问题。"

　　洛修特村长看了看我们俩："我不是已经说过了吗？答案并不重要，只要你们用心思考就行了。"

　　嘉维勒说："不是这个原因。无论如何，只是针对这个问题本身，我们也想知道结果。"

　　我说："是呀，虽然你并没有要求我们要想出结果来，但是这个问题毕竟应该是有结果的。因为我们都知道乒乓球和地球的大小的确不一样。"

　　嘉维勒犹豫了一会儿，像是鼓足了勇气说："还有就是，为什么我们只要思考那个问题，大家就能获救呢？"

　　只见洛修特村长全身似乎震动了一下，只是这震动轻微得令我怀疑是否真的发生过。但至少我能感觉到在洛修特村长的内心的确是震动了。

　　他说："没什么。我只是觉得思考可以给人带来生存的信心和勇气。"

　　"但是我身上的蛇毒又是如何解掉的呢？"

"那原本就不是能要人命的毒，你的伙伴已经帮你解掉了，你只是需要休息而已。"

我俩都知道这些话其实并不真实，他一定隐瞒了什么真相。可是我们如何才能让他告诉我们两个素不相识的人呢？而且这个真相恐怕还牵扯到更大的秘密。

洛修特村长又说："你们先回去，这些问题等明天再说吧。"

嘉维勒和我只好返回村子里。

走不多远就听到后面传来："这怎么可能？"

接着是洛修特村长的声音："一切都是可能的，不可能也如是。"我们知道塔索他们已经醒了。等我们回到村子里不久，洛修特村长带着"年轻者号"上的船员们也来了。

嘉维勒在人群中看了半天，也没有看出来谁是塔索。

当天晚上洛修特村长给大家安排了住处，船员们都分别休息去了。村长又叫嘉维勒和我到他那儿去一趟。

等我们到了村长的小屋里时，村长正在等着我俩。"你们先坐下吧，有什么问题我会尽量告诉你们的，毕竟你们是与我有缘的人。"

嘉维勒还是先问了那个奇怪的问题到底是怎么回事。

村长说："其实这个问题未必就有一个确定的答案，虽然我们知道乒乓球与地球的差别很大，一种可能的解释是，我们所说的点的一一对应只是在一种抽象的意义上才能成立。"

"什么是抽象的意义？"

"也就是说我们这里所说的点并不是实际中的点，它们是不带任何大小、重量或者体积的概念，仅仅就是一个抽象出来的点而已。"

我问道："是不是就像数学里所说的点、线、面一样，它们只是代表一种存在，如果在坐标轴的体系中，点只是代表一个数字或者是一组数字的组合；线就是连贯起来的点，没有宽度、没有大小、没有重量，也就是说没有任何物理性质；面就是所有点的集合，同样没有大小、重量或者厚度等性质。"

村长说："大概就是这个意思。点、线、面这些说法其实都是通过现实事物抽象出来的概念，它们仅仅在理论研究中才具有意义。但在现实中我们都知道，任何一个点，无论大小都会具有一定的体积或者面积。比如一个小的铁球，无论它多小，都会具有一定的重量，并占据一定的空间——也就是具有一定的体积，而不可能是概念中的点。"

嘉维勒说："也就是说，刚才那个问题实际上是混淆了现实中的点与抽象概念的点。其实乒乓球上的点与地球上的点都是有大小的，它们虽然可以在理论上一一对应，但不可能是同样大小的点。如果按照同样大小的对应的话，乒乓球上的点只能与地球上的很小一部分面积上的点相对应。所以地球还是远远大于乒乓球的。"

我也有些明白了："不错，大小是一个具有物理属性的概念，点的一一对应只是数学上的概念，而数学上的点恰恰是忽略了所有物理性质的抽象概念，所以一旦混淆它们之间的区别，就会出现违反常规的结果。"

洛修特村长点点头："你们的思路还是挺清晰的。至于你们说的什么数学、物理，我不是太了解。"这怎么可能，洛修特分明知道得更多。

村长停顿了一会儿："你们还想知道什么？"

"我们只想知道这个村子的来历。"

洛修特没有回答，只是静静地坐着，过了好一会儿，他才慢慢地说："这个问题我无法回答你们。"

"但是在我看来，这个问题只有你能回答。"我鼓足了勇气说道。

嘉维勒也说:"为什么不能说呢?我们只是对这里的事情感到奇怪而已,并没有其他的恶意。"

"我知道你们并没有什么恶意,但是这其中的确有不能说的理由。你们再问也没有用,我不会回答你们的。也许你们该走了。"

现在我们唯一的办法就是去问其他村民了,但是我们并不抱多大希望。

五、设计城堡

第二天一早,我们刚起来就听村民们嚷嚷着要建造什么,过去一问,才知道是洛修特村长号召大家在村子前面建造一座城堡,一来可以保护村子,二来以后也可以给村民们提供一个去处。村民们说干就干,一上午的工夫就已经设计出了城堡的模样,并开始收集各种材料了。

我跑去一看,图纸上的城堡正是麦力上次带我来的地方,不过像是缺了什么东西,我一时说不上来。"年轻者号"上的船员果然就像塔索说的都参与修建城堡的劳动中了。

洛修特村长看见我们两个,就问我们:"你们打算什么时候走?如果你们想要去问村民,怕是白费工夫了。"

我们赶紧说:"我们知道问也没用,但还想在这儿待几天,希望能帮上大家一点忙。"

"那也随你们吧，不过我倒是有些怀疑你们不像原始的土著人。你们从哪里来？"

"嗯，我们从离这儿不远的希思城来。"

"希思城？可是那个地方早已是现代城市了，怎么会有你们这样打扮的人？"

"噢，我们是打扮成原始人模样来这里探险的。"

"那你们来过很多次了？"

"我们……"

嘉维勒忽然插嘴道："既然你可以不回答我们的问题，我们当然也可以不回答你。"

洛修特村长笑了笑："没关系，我只是随便问问。你们想待下去，我也不会赶你们走的。"

接下来我们自然是到处打听，可是村民们都说他们已在这儿定居很久了，先人大概是从别处迁移过来的，但到底是从什么地方来的，他们也说不清楚。可是嘉维勒和我的发现是，这个村子是在一夜之间出现的。最后我们只能得出一个结论，所有的秘密只有洛修特村长一人知道。

嘉维勒本打算要去找塔索他们，可是他们更不清楚这是怎么回事了。所以我们决定还是去找洛修特村长，看看能否探听到一点什么。

我们走进村长的小屋时，他正在和几个村民以及利维船长和两个船员讨论修改城堡的图纸。洛修特村长的构想奇特且不太可行，他想将整个城堡建造在一个高大的平台上，就像建在空中一样。这个想法带着太多的幻想，恐怕只能是说说而已了。洛修特村长听到大家都不同意，好像才猛地想起了什么似的，他说："对，我们现在还没有足够的能力办到。"到现在他居然还不承认自己的想法是不可能实现的。

我问他："为什么一定要建这么高呢？难道在平地上就不行吗？"

"也不是不行，只是我不想外界的人经常来村子里打扰我们的生活，其实就是想安定一些。"

大家出了不少主意，可是都被这个固执的村长拒绝了，他还告诉大家不要怀疑他们的力量，只要他接受了建议，他们就会努力实现的。在离开洛修特那里时，嘉维勒忍不住问利维船长塔索在哪儿。利维船长很奇怪："你们认识塔索吗？"洛修特村长也奇怪地看着嘉维勒。我赶紧说："今天我们跟他说过几句话，他说有些事想问问我们，后来又走开了，我们不知道他有什么事，还想麻烦利维船长转告塔索一声。"

利维船长点点头说："我一定会转告他的。"

等我们重新回到村子前面的空地时，发现那里停着很多大型的机器，可是这些机器都是从哪儿来的呢？昨天还没见到，并且机器的样子虽然跟以前见过的很相似，但的确是从未见过的。听一起参加劳动的"年轻者号"上的船员说，村民有很多机器的零件，从各家拿来后一会儿就组装起来了。看来洛修特说得不错，他们的确有建造任何城堡的能力。

晚上我睡不着，就走到外边溜达，结果看见村子的后面有一排房子的灯还亮着，我就叫上嘉维勒打算一起去看看。

我俩悄悄地走到屋子边，探头一看……

按理也没什么奇怪的，只见屋里坐着十几个年轻人，都各自在发呆，时不时地互相交流几句，看样子是在讨论什么问题。我俩看了一会儿，觉得没什么意思，就回去了。

我们觉得这个村子最奇怪的地方总与"思考"有关，并且我们来到这个地方碰到的第一件事就是回答洛修特的问题，而我上次和麦力来时也同样是遇到村民们不停地思考问题，难道这就是他们的秘密吗？可是爱思考问题也不是什么大不了的事，为什么洛修特村长对此总是避而不谈呢？

又过去了一天，我俩还是一无所获。天一亮嘉维勒就把我叫起来，他打算今天还去村长那儿，因为只有他才知道这里的一切。

洛修特村长见了我俩已经不再奇怪了："又有什么事？"

嘉维勒说："没什么，只是还想继续参与城堡的设计。"

"好吧，你们有什么好的办法吗？"

我们重又打开以前设计的图纸，我看着看着，忽然发现原来在我第一次见到图纸时感觉与我和麦力见到的不太一样，是因为城堡少了一个部分。

于是我说："村长不是想将城堡建在高台之上吗？"

"你们昨天不是都认为不可行吗？何况我们现在的确没有这个能力。难道你又想出可行的办法了？"

"按你的设想的确是没办法，不过我倒想了一个权宜之计。"

"那你说说看。"

嘉维勒也看着我，他只知道我来过，但当时我只告诉他关于村子里发生的事，并没有给他详细地描述过城堡的样子，所以他也不知道我见到的城堡是什么模样。

"村长，你先说你的目的是不是想让城堡看上去更神秘，让人感觉更遥远一些，或者还有别的什么意思？"

洛修特想了想："其实当初也没什么具体的含义，可能像你说的令人感觉更遥远一些，但并不是想要多神秘，毕竟我们还是要和外界接触的。"

"要和外界接触？难道以前你们没跟外界接触过吗？"

"当然接触过，只是城堡建成以后，接触会减少一些，但并不想与世隔绝。"

我点点头说："那好吧，我这个设计正好符合你的意思。"

"是吗？"

"这个村子在一个山坡上的平地上，而这个山坡就在村子的前面，我们正好可以利用这个山坡。也就是说，其实村子现在或者将来的城堡已经在一个高台之上，而且其中的三面已经天然地具备了。"

嘉维勒高兴地说："啊，对呀，只要在前面的山坡上再修建一个平台不就行了？"

我也兴奋地接着说道："没错，并且可以将整个山坡全部修成阶梯，这样既增加了与外界的距离感，又保留了一种与外界的沟通途径。村长，你觉得呢？"

洛修特边听边点头："这个想法是不错，但是还不够完美。"

嘉维勒忽然说道："没有什么是完美的，就连完美也一样。"

我听了一愣，这个语调似曾相识呀！

洛修特也愣了一下，随即含笑点了点头。"不错，你们两个真是不错。"不知他是什么意思。

"我们可以先去看一看，不过，你们怎么对这里这么熟悉？"

"我们不是跟你说过吗？我们就住在离这儿不远的希思城。只是从前没注意到这个村子，真是可惜。"

洛修特没有丝毫不安。"其实我也觉得有些可惜，否则就可以早点认识你们了。走吧，两位。"

六、大胆猜测

"长着浓密头发的一个人是不是秃子？"

"当然不是。"

"现在拔掉一根头发呢？"

"当然也不是。"

"两根，三根，四根，五根……"

——秃头悖论

洛修特村长接受了我的建议。于是村民和船员们都开始忙碌起来，没想到嘉维勒和我也能参与这个城堡的建设。当天晚上嘉维勒提醒我，我们差不多该走了。我明白他的意思，如果被村里人发现我们莫名其妙地消失了，可能会引起其他的麻烦。

我们将这个决定告诉了洛修特村长，他说："好吧，欢迎你们再来。"没有丝毫挽留的意思。

我们只好出发向希思城的方向走去，希望艾皖能尽快再把我们传到这里来。记得离这儿不远的地方有一个小镇，我上次和麦力在镇上换的马，到了下午我们还是没见到那个小镇，不知道还要走多久。

景物渐渐变得有些熟悉，应该已经到了那个小镇附近了，这时我猛地想到，也许小镇还没出现呢！因为按我的猜测，村子是刚出现的，所以还没有人知道，自然不会有这个镇子作为歇脚的地方。

想到这里我忽然产生一个念头，我赶紧把嘉维勒叫住。

"你有没有发现这个村子有一个非常奇怪的地方？"

"这个村子哪儿都让人觉得有点怪，不然咱们也不必来了。你就直接说吧，还绕什么弯子。"

"这个村子的电从哪儿来？"

"电？他们有机器，有电厂，这里的各种资源又很丰富，你到底怀疑什么？"

"可是为什么他们把机器都拆开放着？"

"没用时就收起来了，我倒觉得挺有意思的。"

"按你这么一说也就没什么了，如果这个村子已经存在很久了，这些也就不算什么。但是我总觉得他们是一夜之间出现的，那么这些东西就来得有些古怪了。"

嘉维勒说："你说得也有道理，其实我也有些怀疑，只是实在无法相信这个村子会在一夜之间出现，而且有很多东西都不是一天两天能制造出来的。"

我们边说边走，可是夜幕已降，还没有希思城的一点影子。嘉维勒问我会不会记错方向了，我说不会，但当时我们是开了一段车，虽然开得不快，但要是走路，恐怕还要走两天呢。这时我又发现我们这几天在村子里没发现任何颜色的马（这样说是为了避免出现"白马非马"的误解），如果村子已经存在很久了，为什么没有出行的工具，哪怕很简单的工具？

这种怀疑和迷惑什么时候才能解开呢？

我们不得不找到一个避风的地方，暂过一夜吧。点了一堆篝火，吃了点从村子里带来的干粮，静静地听自然之声，我问嘉维勒："你觉得这个地方和诺斯镇有什么不同？"

"诺斯的风更柔和，这里的空气更清爽。"

我有些纳闷儿："你真的能感觉出来？"

他躺在地上，眼睛望着夜空："只要你愿意，你也能感觉到，试试吧。"

就这么躺着，可是风好像并不令人舒服，甚至让我感到有一些阴冷。"嘉维勒，你觉得有点冷吗？"

"火不是挺旺的吗？你靠近一点。"

我坐起来，向前一看，两点小绿灯在我们的正前方，还一闪一闪的。"谁在那儿？"

没有动静。

"难道是野兽？"我的心瞬间怦怦地狂跳起来。

"快起来，有野兽！"

嘉维勒慌忙爬起来，这时那两盏小绿灯似乎受了惊吓，迅速地向后退了几步，并发出低沉的"呜呜"声。我俩都有点傻眼了，怎么就把这事给忘了呢？总还以为自己是在城市里，总还以为是在除了人就碰不到什么动物的地方呢！现在该怎么办？我们连一点可用作武器的东西都没有。

嘉维勒很快就安静下来了，他让我别紧张，自己先平静下来，才能想出办法。双方就这样对峙着，渐渐地我变得就像老僧入定一样，既不害怕它也不想伤害它，而它似乎也没有恶意，但我们还是不敢闭目休息，幸好天已接近黎明。慢慢地我的眼睛睁不开了，迷迷糊糊就睡着了。

等我被嘉维勒叫醒时，我们又出现在一座城堡的大门前，这当然是艾皖干的事了。只是这次我们并没有变成另一个人，还是从原始人转变来的模样。我们又回来了，城堡已经建成了。等我们走进城堡时并没有人阻拦，不知里面的规矩是不是与几十年后麦力和我来时一样。

进城后并没有看见各式店铺，我们就直向村子的方向走去。刚到村口，就看见路边有一个小屋子，里面有人招呼我们过去。他说进村前必须回答一个问题，看来回答问题的规矩已经初步形成了。

"那好吧。请问是什么问题？"

那个人问："长着浓密头发的一个人是不是秃子？"

我俩互望了一眼："当然不是。"

"现在拔掉一根头发呢？"

"也不是。"

"两根，三根，四根，五根。"

"不是。"

"这样继续下去，这个人的头发不断减少，终有一天会成为秃子，这是什么原因？"

我说："等到头发没有时自然就是秃子了，这还有什么原因？"

那个人不慌不忙地说："你们没明白我的意思。如果说一个人掉了九十九根头发还不是秃子，那么掉一百根呢？"

"还不是。"

"如果掉了九千九百九十九根还不是，那一万根呢？"

"大概……也许还不是吧。"

"那什么时候才是呢？"

嘉维勒说："我大概明白了。也就是说，头发每减少一根时我们不能说一个人会一下变成秃子，这样每次减少一根头发，我们都没法说变成了秃子，但随着头发不断减少，最终会变秃。可是如果在前一根头发还在时不算秃，为什么最后还会出现秃子呢？如果按这样理解，也可以说根本就没有秃子，即便一根头发也没有。"

"你是明白了。好了，两位可以进村了。"

"我们刚搞明白问题是什么意思，还没回答就可以进去了？"

"是的，你们可以边走边想，我们只是提出问题，并让你们明白问题的意思就行了。至于是否思考它，就随你们的便吧。"

七、年轻时的微谷

我坐在桌子上，桌子是名词，
所以我坐在名词上。

——推理悖论

嘉维勒和我又走进了海德村。我们向洛修特村长的住处走去，快到那间小屋时，迎面走来一个年轻人。他看我们好像是来找人的，就对我们说："两位是来找人的吗？"

"是。请问村长在家吗？"

"村长？你们说的是洛修特村长吗？"难道还有别的村长？

"当然，我们就是来找洛修特村长的。"

年轻人看了我们一眼："你们找他有什么事吗？"

嘉维勒有些不耐烦地说："我们还是直接去找他吧。"

"他不在家，你们先到我家等等吧。他也许很晚才能回来。"

我们只好跟着年轻人先去他家了。路上嘉维勒问那个年轻人："请问你怎么称呼？上次我们来这里好像没见过你。"

"是吗？你们来过这儿？我叫微谷，微风的微，山谷的谷。"

我吃惊地说："你就是微谷！"

"不错，难道你认识我？"微谷略显得有些惊讶。

"啊，我们上次来时听村长说起过。"

我们边说边走进了一个小院子。微谷又问道："你们上次是什么时候来的，我怎么一点也不知道？"

我们也不知道上次到现在已经过了多少时间。嘉维勒赶紧说："上次来时，听村长说你还只是五六岁的孩子呢！"

"噢，这么说都已经过了二十多年了。"

嘉维勒和我都是一愣，已经二十几年了。

微谷又问道："你们这次来找洛修特有什么事吗？我们这里的村民平时不叫他村长，所以刚才我没反应过来，让两位多心了。"

"哦……其实也没什么事，好久不来了，想来看看村长。"

进了屋，我们闲聊了起来。微谷忽然问我们："前面城堡的设计是不是你们的建议？"

嘉维勒说："是他的建议。"

微谷看着我说："那就对了。你们谁说过这样一句话‘没有什么是完美的，就连完美也一样’？"我看了看嘉维勒。

嘉维勒说："是村长对城堡的建议不太满意，觉得没能达到他的理想模样，我就说了这么一句。你怎么知道的？难道村长都告诉你了？"

微谷说："是的。我小的时候村长就时常把我带在身边，给我出一些问题或者说一些似是而非的话，然后让我想想其中的道理。有一天他就说了这句话，并且还告诉我这是两个从外边来的人到村子里时说的。于是就大概讲了你们两位的事。直到刚才我才想起来，所以问问你们，果然就是。"

我们没想到洛修特村长居然还记得我们，听微谷说村长多次提起我们，每次说起来总有些遗憾。

"遗憾？为什么？"

"开始我也不知道，但后来我觉得他的意思是想留两位在村子里，但我也不知道为什么没把这个意思向两位说明。"

我俩一时沉默了。

微谷接着又说："村长还告诉我，如果以后两位真的又回来了，一定要告诉你们……"还没等他把话说完，嘉维勒和我都急忙问："告诉我们什么？"

微谷愣了一下："两位不必紧张，其实就是解释一下刚才那句话的意思。"没想到这个洛修特村长这么认真，多年前的一句话竟然还记得要解释明白，其实当时嘉维勒并没有故意说这句话考村长的意思。

嘉维勒笑笑说："我自己都不明白这句话还隐含着什么，当时只是顺口说出来了而已。那你现在就说说吧。"

"既然你们这次来可以见到村长，还是让他自己说吧。"

"难道村长以为见不到我们了？"我有些奇怪地问。

"村长当时是这个意思，否则也不会交代给我了。"

对我们来说上次的事不过就发生在几个小时前，而对村长来说已经是二十几年了。

嘉维勒说："还是你说吧，我们都等着听呢，等村长来了我们再向他请教别的问题。"

"那好吧。村长说其实这句话是取了一个巧，既然前提说'没有什么是完美的'，也就是说如果这个前提是正确的，那么就不会有完美的事物，这里说的'完美的'是指'完美的事物'，而后面半句里的'完美'说的不是事物，而是'完美'这个词。如果一切事物都不是完美的，那'完美'这个词当然也不是完美的；如果的确有完美的事物存在，也就是说前面半句话是错的，那后面半句岂不是想说什么都可以了。"

嘉维勒由衷地说道："我原本是随口说的一句话，自己都没想清楚呢！"

微谷又说："其实我觉得还可以进一步分析。前半句里用的是形容词'完美的'，后半句用的是名词'完美'，显然它们表达的范围和对象是不一致的。'完美'只是一个概念，前半句是对这个词的一个描述，即'没有完美的事物'，所以'完美'这个词本来就是用来形容不'完美'的事物的。"

我虽然已经有点听不明白微谷在说什么了，但内心中还是隐隐地有些喜悦，因为嘉维勒和我都应该从塔索的经历中得知，微谷将是除了洛修特村长之外可能解释村子的秘密的另一个人，并且微谷最终将这个问题交给了钱思哲。也许我们可以从现在的微谷身上看出一点未来的痕迹。

傍晚的时候我们终于见到了洛修特村长，原来他去长老会了。见到我们他很高兴，还询问我们来时在村口被问到什么问题。听我们说完后，他说其实这类问题在二十几年前当利维船长他们几个人离开时也曾说过。嘉维勒和我猛地想起那个"麦堆"，的确，它们本质上是一样的。洛修特村长看着微谷说："那时他就想到了解决的办法。微谷你现在再说说你的想法吧。"微谷的解释与我们从塔索那儿听到的钱思哲的解释基本一样。

嘉维勒说："没想到村长还记得上次我随便说的一句话，并且从语言的角度给予了解释，而且这位微谷先生还能更进一步，真是了不得。"

洛修特说："我们每天都用语言来交流或者传递信息，不过语言里的问题还有很多，由此产生的似是而非的句子更是数不胜数。"

我说："但是我们还能有效地交流。"

"不错。不过并非每次交流都有效，因为很多时候，说话的人想要表达的意思与听话的人的理解并不一致，但是大家都表示认可，这种认可都是按照自己的理解确定的。"

"我还是有些不明白。"

"很好。那我就把你的这个'不明白'当成一个例子吧。"

"我的'不明白'？"

"刚才我说的话你能不能听懂？我是说每个词、每个句子。"

"能听懂。"

"你听懂了，但是你说你不明白。所以说我们交流了，但并不有效。直到现在我们说的话都是在交流，但是你不一定明白我说的意思，也许我也没有完全理解你的'不明白'是什么意思。"

此时微谷接过来说道："那么岂不是不存在有效的交流了吗？因为彼此都无法确定对对方的理解是否符合对方的本意。"

"这其实是一个很复杂也很抽象的问题，并不是我们随便说说就能解决的。留着你们以后思考吧。我现在还有一个关于语言的问题，你们不妨想想。"

他的问题让我一时摸不着头脑：我坐在桌子上，桌子是名词，所以我坐在名词上。

我怎么能坐在名词上？除非那张桌子就叫"名词"。

八、告别洛修特

如果你以为理解了我的意思,
那么你已经误解了我的意思。

——王尔德悖论

嘉维勒和我一心想从洛修特那儿多知道一点关于村子过去的事,可是他却始终只字不提,倒是对这个村子的现在和将来聊了很多。

"你们走后大概四个多月,利维船长他们也都走了,不过,还是很感谢你们的建议还有他们的帮助。"

嘉维勒和我都很奇怪为什么洛修特说的有些地方与塔索后来回忆的不完全一样,塔索说当时很多船员都留在村子里了,而洛修特却说船员们都走了,这里面难道有什么不可告人的秘密?但是那些船员为什么会像塔索说的都不知道自己以前的事了呢?他们患上了集体失忆症?

洛修特又问为什么二十年里我俩的容貌居然没什么大变化,我们只能支支吾吾地打岔,说不出个所以然来。

我随口问道:"村子里为什么想起来问问题?"

微谷说:"因为我们海德村的村民都是从小训练思考各种问题,后来长老会提议可以给来到村子里的人提一些问题,也可以彼此交流,希望我们能相互借鉴。"

嘉维勒问洛修特:"我们上次来好像还没有长老会,是最近成立的吗？"

"那时长老是有的，只是没成立长老会，后来经大家提议成立的。"

我还是对城堡比较感兴趣："前面的城堡虽然建成了，但是和没有也没什么区别，来人还不是可以随便进出的吗？这也不是最初的想法呀！"

洛修特说："以前大家也试着限制来人，可是我们这里本来就不是什么旅游的地方，再限制，来的人就更少了。后来大家就决定不再限制了，毕竟我们不是想与世隔绝。"

"我倒有个办法，也许既可以吸引人来，又能限制人数。"

洛修特和微谷都有些好奇："那你讲讲。"

我说："既然海德村是以思考问题为特色，咱们就设计一个'问题城堡'。"

"问题城堡？这是什么意思？"

"在前面的城堡里我们可以组织一些村民，让他们经营各式店铺，但是不收钱，而是要回答问题。"

"用回答问题换取各种物品？"

"对，这里的资源很丰富，而且有些植物和食品是别处没有的，这些可以作为交换各种问题或者问题答案的报酬。也就是说，把问题或者答案作为城堡认可的货币。这样就可以增加外界对这里的好奇心，来的人自然要比现在多了。"

"可是来的人多了并不是我们的目的呀，也许反而会影响村子里的正常生活。"

"不错，但我们可以限制人员进入城堡。这里不是离希思城不远吗？村里可以定期送一些通行证给希思城，由他们发放给到希思城的游客或者本地人，这样不就可以限制来这里的人数了吗？"

洛修特低头想了想："这个办法不错，我们就可以得到更多的问题和思考了。至于如何发通行证的事，我还要再和长老会、村民们一起商量商量。"

嘉维勒这时问道："你刚才说你们可以得到更多的问题和思考是什么意思？问题可以得到更多，可是思考怎么能被得到呢？"

洛修特愣了一下："对呀，思考怎么能被得到呢？你看我这个每天爱挑别人话里毛病的人，自己也有被别人挑错的时候。"

这次我俩一共待了五天，除了见到了微谷，又和洛修特交谈了几次以外，没有更多的收获。不过这次令我感到最奇怪、最迷惑的事是发生在我自己身上的。

因为上次麦力和我来过这里，经历了城堡长长的阶梯，城堡里的提问，可以用回答问题的方式代替货币，以及发通行证的事。但是现在看来这些似乎都是我给他们出的主意，这岂不是一个最令人捉摸不透的悖论吗？

随着艾皖调整了年代，我们第二天又来到了二十年后的海德村。

幸好我是在城堡里面，否则没有通行证还进不来呢！嘉维勒到哪儿去了？我低头一看，糟了，我发现这次自己变了一个人。现在我是谁？

我赶紧找到一家商店，借了一支笔在手上画好我们事先约定的手表，不知能不能碰到嘉维勒。商店的店主说："菲舍先生，你为什么不回答问题换一只真表呢？"

我是菲舍先生，而且还来过这个店？那嘉维勒又会是谁？

"我画着玩的。"

"哈哈，你看这是什么？"

我转头一看，店主的左手上也画着一只手表："什么？你是嘉维勒？"

"还能有谁！"没想到这么容易就找到他了，真没意思！可是他怎么知道我叫菲舍呢？

"刚才有人叫你，你没反应，我却听到了。"

原来如此。"那你这位店主现在叫什么？"

"不知道。"人有不知道自己是谁的时候。

这次我们决定不直接去找洛修特和微谷，而是悄悄地打探消息。

等我们走到洛修特的家时，才发现这里已经变了样。我们刚要离开，从屋里走出一个人。"你们有事吗？哎，这不是乔普吗！"哈哈，得来全不费功夫，"找回自己"也不是很难嘛。

"啊！"原来是微谷，我几乎忘了我们已经变了模样了，还差点问他怎么不认识我们了。

嘉维勒赶紧说："噢，我带这位菲舍先生来村子里随便转转。"

"请进来说话吧。"

我们怕露出破绽，所以格外小心。

因为我是外边来的，所以就假装什么都不知道地问询了一番，最后我说："我听说这里的洛修特村长非常博学，所以这次来很想拜访他。"

微谷看了看嘉维勒："你没给这位菲舍先生说吗？"

"菲舍先生没问过我。"

"噢，洛修特已经去世多年了。"看得出微谷的悲伤。

"啊，真对不起，我本以为还能见到他呢。"

"听你的意思好像以前见过他。"

"没有，我没见过，但以前听别人说起过。这次到希思城来，顺便就想起来看看。"

160

微谷随便地问了一句："是吗？你的朋友也来过这里？"

我一愣，这可是个机会。"是的。我的两位朋友说他们与洛修特村长很有缘分，见过几次面，但很久没来了，所以他们也不知道后来的事了。"

微谷问道："你的两位朋友里有一个叫嘉维勒吗？"

"是他们！你也认识？那你不会就是微谷先生吧？"

"我就是微谷。"

原来上次我们走后没几年，洛修特就去世了，临终时交代由微谷主持村子里的事，并希望以后如果能见到嘉维勒和我就转告我们一句话："如果你以为理解了我的意思，那么你已经误解了我的意思。"

"这是什么意思？"

微谷说："洛修特临走时说，你的两位朋友的确与这个村子有缘，他希望他们能继续他们的探索，他说也许有一天他们真的能知道他们想要知道的一切。"

难道洛修特知道我们要找什么？那上面的话又隐藏着什么暗示呢？

九、几种可能

"自由"并不能让你们获得自由。

——自由悖论

微谷希望"菲舍"能把这些话转告给我俩，并且希望我俩能再来，而且不要一隔就是二十年。可是嘉维勒和我心里都知道这次离开一定又是二十年，谁让艾皖控制得太精确呢！

　　"乔普"和"菲舍"这次可以说一无所获，只能走了，在城堡里住了几天，终于又经过了二十年。看来还是以本来面目见微谷更好一些，不过能不能成为自己可由不得我们自己呀！

　　所以这次我们决定无论如何都要化化装，然后就告诉微谷我们就是那两个人，反正从上次见到微谷已经过去四十年了。

　　不知道我们的装化得如何？

　　我们直接去找微谷，可是村子里的人都说今天一大早就没见到他。奇怪，一共就这么大点儿地方，能到哪去？

　　这时嘉维勒问我："会不会他们来了？"

　　"谁？"

　　"塔索和钱思哲。"

　　"海边！"

　　当我们快到海边时，放慢了脚步，忽然有声音从前面传来。

　　"除了上面的事，洛修特还让我记住转告另外两个人一句话，只是已经四十年没有见过他们了。"

　　"能不能问一句，洛修特村长想让你转告的话是什么？"

　　"他说，如果你以为理解了我的意思，那么你已经误解了我的意思。"

　　"这是什么意思？"

　　"也许只有那两个人能知道指的是什么吧，否则为何定要传达给他们？"

　　其实我们也是云里雾里，哪里知道洛修特村长指的是什么呢。等他们走后，关于这个村子的秘密，我们讨论出几种可能的解释。

一种可能是，正如洛修特说过的，海德村已经存在了很久，就像所有的人类社会一样，只不过他们选择了一种不同的生活方式；第二种可能是，这里的人都是从另外一个地方因为某种原因搬迁来的，但却不愿说起过去的事，所以编造了一个村子的来历，大家都一起遵守这个约定；还有一种可能是，在嘉维勒和我来的那天晚上，这个村子从天而降，并且具有一种神奇的力量，在一夜之间建成了整个村子，并且所有的能量都有一个奇怪的来源。当然这几种可能都还有很多解释不通的地方，但我们实在想不出还能有其他的解释了。

最后我们决定还是再找微谷谈谈。

微谷已经不认识我们了，等我们说明白，微谷显得高兴极了："不知道二十年前来的那位叫菲舍的先生是否告诉你们了？"

"是的，可是我们也没想到上次一别，会时隔四十年才能再见。"

微谷笑笑说："我都已经变得有些老了，可是你们两位倒是不显老，就像洛修特一样。"他这么一说我们才想起来，我们每次见到洛修特时，他也是没什么大的变化。因为在我们的意识里，每次间隔只是一小会儿的事，所以也没注意到洛修特的变化，难道他也注意到我们了，所以在临走时才会说那样一句话？可是如果那样的话，又正好"误解"了他的意思？这个村长呀，临走还要留下一个更难解的谜来吸引我们。

为了尽快揭开谜底，我终于忍不住向微谷解释了我们的来历，最后我说："我们很怀疑这个村子到底是不是真的存在。"

微谷愣了好一会儿："你们说的也许是真的，可是我觉得这比我对这个村子的怀疑更不可信。"

嘉维勒也说："的确很令人惊讶，但是未来的科技确实能办到。"

微谷说："那么……我想知道你们到这来的经历本身是不是历史？"

我说："也许是其中的一部分，因为前面的城堡我曾见过。噢，不是曾经，而是以后会见到。"

微谷想了很久，终于摇了摇头："我可以想象这种情况的发生，但是却不能相信。"

嘉维勒和我一时也不知道该说什么好，因为我们也被这种奇怪的循环迷惑了。

还是微谷先问我们："洛修特说你们想知道这个村子的事，但是我不知道你们到底想知道关于这个村子的什么事。如果可以，我会尽量告诉你们的。"

"其实……也没什么，只是我们有些怀疑这个村子的来历。"

"怀疑这个村子的来历，这是什么意思？"

"那你能先介绍一下村子的来历吗？"

"你们不是早都知道了吗？海德村已经存在了几百年了，世世代代就是这样生活，田间劳作和一些必要的工厂，大家除了在生活方式上与其他地方略有不同，也就没什么奇特的地方了。"

"但是六十年前我俩来到这个地方时，这里还是一片丛林，除了野兽就没有其他大型生物了。就在当天晚上，我们遇到了洛修特村长，第二天就看见了这个村子。我们怀疑村子是一夜之间出现的，可是这要什么力量才能办到呢？"

微谷又静默了一会儿："我一直在想一个问题，'我们的生活何以是现在这个样子，而不是其他的样子'。但如果像你们说的那样，这个问题就不成为问题了。"

"那又是为什么？"

"因为如果如你们所说，村子是由某种力量一夜之间建成的，那么所有人的意识也是早已被安排好了，也就是说，我们的生活就是这样被安排好了的。那结果当然就不会是其他的样子了。"

"可是我们一直不明白，为什么就连村民自己都不知道自己的过去实际上是什么样子呢？并且上次塔索说他见到以前的伙伴，但是他们却不知道自己的过去了，反而认定自己一直生活在这里，这岂不是非常奇怪吗？"

微谷看着我俩："原来我们在树林里说的话你们都听见了。"

嘉维勒又大概给微谷讲了一下塔索与他的故事。微谷站起身来回踱了几步："看来你们的经历确实是真的。"

微谷说明天他想叫钱思哲一起来讨论，因为他觉得钱思哲比现在村子里的任何一个人都有可能继续他关于这个村子历史的思考。我们只好告辞，答应明天再来。临出门时微谷对我们说："我送给你们一句话，希望你们能真正地明白它：'自由'并不能让你们获得自由。"

第二天，我们起来时发现自己变得苍老了，又发生了什么？

十、长老钱思哲

全知的人能否回答根本不存在的问题。

——全知悖论

当我们再次敲响洛修特和微谷的屋门时，走出来的却是钱思哲。

"我已经等了你们二十年了。"

什么？难道我们又经过了二十年，可是上次我们只待了两天呀！

钱思哲说："微谷已经走了。上次你们来，他本想叫我和你们见一面，可是第二天发现你们已经不辞而别了。"

"微谷是什么时候走的？"

"已经有十年了。"

我们沉默着不知说什么好，隐约的，我的内心无比惆怅。

"微谷走时希望我能一直留下来，思考一个问题：我们的过去，或者对我来说是这个村子的过去。也许你们已经知道了，我并不是这个村子的人，微谷说也许正是由于这个原因我才有希望揭开这里面的谜团，实际上现在长老会就是在思考这个问题。"

我发现这正是麦力和我来的那次探听到的结果："也许吧。"

"不知道是什么原因，微谷说你们总是间隔二十年才来一次，所以我一见到你就猜出来了。"

我们上次并没注意这个细节，所以也没告诉微谷，没想到转瞬间就再也见不到他了。

"不过你们并不是像微谷说的，总是一样的年轻。现在看来你们也逃不过岁月的流逝。"这次的忽然苍老到底是怎么回事，就连我们自己也不知道。

嘉维勒说："我们想知道的问题也许只有洛修特村长才能说明白。"

钱思哲说："其实微谷也已想到了，只是他不能肯定。他说这其中有太多不可思议的地方，所以他希望我能思考历史是什么，希望从中能找到一点关于这个村子来历的证据。"

"为什么先要思考历史？难道这与这个村子有什么关系？"

"是的，历史也许并不像我们已经知道的那么简单，也可以说历史并不是只能有一种解释。"

我说："如果是这样，我们岂不是可以随意解释历史了？那还能叫历史吗？"

嘉维勒也说："是呀，我们并不能改变历史。"

"但我们可以重新解释历史，同样的事却有不同的解释。"

"如果都按照自己的理解解释历史，那还有真实的历史存在吗？"

钱思哲叹了口气："的确。但是现在我们怀疑的就是我们的过去，因为我们已经不敢肯定我们的过去就真的是现在所知道的那样。也许确实像你们说的，即便是微谷也不能清楚地明白其中的奥秘，这个问题只有洛修特一人能回答。"

我说："如果这些问题都不存在，洛修特又怎么可能回答？虽然我们的目的就是来探听这个奥秘的，但现在我都怀疑我们的问题可能根本就不存在。"

嘉维勒也说："不错，因为后来听微谷说其实洛修特早就知道我们想来干什么，但是他不仅没给我们说什么，就是离开时也没向微谷交代任何这方面的事。现在我真的怀疑我们以前的怀疑会不会根本就是假的。"

钱思哲说："我不知道你们的猜测是不是正确，恐怕就是你们自己也不知道吧。微谷曾对我说过，即便是全知的人也不可能回答根本不存在的问题。"

我奇怪地问："如果是根本不存在的问题，又怎么回答？"

"是。但对于全知的人来说，他应该知道什么是不存在的问题。"

嘉维勒说："可是如果他知道了这个不存在的问题，却又不能回答，那他岂不是就不全知了吗？"

"对呀，"我说，"如果他不知道什么是不存在的问题，那又怎么可能是全知呢?"

钱思哲笑了笑说:"微谷说得没错,你们两个就知道不停地问问题。但是你们还要注意,从中我们至少可以得到两个结论:如果我们承认能找到不存在的问题,那就意味着不存在全知的人;而如果这样的问题根本找不到,当然就不需要回答。所以不存在的问题根本就不是问题,当然也不可能找到。"

我接着问道:"那现在我想问的是,你们怀疑村子的历史是不是一个问题?"

"的确,我们现在不知道这是不是一个问题,也就是说我们不知道能不能回答。"

看来思考也有无能为力的时候。

是呀,我们在思考一个永远无法用事实来证明的问题,那么这个问题还有存在的必要吗? 还可能被解答吗?

这次我们除了更加迷惑以外,唯一的收获就是开始怀疑我们的问题是否真的存在了!

十一、最后的决定

我看着嘉维勒,不知道这是什么时候的我们,因为我们又像来时一样年轻了。

看看天上的云彩,这是一个如此真实的世界。

我们走到城堡的大门前，拿出微谷在四十年前给我们的通行证。门卫看了看："这是我们城堡的通行证吗？"

"当然是了，你看上面的标志。"

"标志的确没错，可是这是什么时候的？我在这儿从没见过。"

"你可以交给海德村的钱思哲长老，他会明白的。"

"钱思哲长老？我只听说过他，但我还没机会见到他呢！"

"现在不是一个见他的机会吗？"

"对呀，你们等等，我很快就回来。"

另一个门卫说："你去吧，代我向长老们问候一声。"

我们没想到长老亲自来迎接我们了。

可是他见到我们有些纳闷，他对我说："你不是前几天刚走吗？这位好像不是上次和你一起来的。"原来现在是麦力和我来过以后不久。

我赶紧说："这位是我的朋友，他听我说起海德村的事，也很想来看看，我们就一起来了。"

"可是这两张通行证是四十年前微谷给另外两位村里的朋友的，怎么会在你们这儿呢？"

嘉维勒说："其实……其实你说的那两位朋友是我们镇上的前辈，他们听说又有人来这里时，就叫我代表他们来看看。"

"原来是这样。如果不是你们的年龄不符，我真以为还是他们呢！"

等我们进到村子里时，我又见到了小肯特姆、斯泰罗、索斯还有其他的长老们。

小肯特姆问我们这次来又有什么有趣的问题，我说这次来就是想解开你们的问题。钱思哲说："难道你们知道这是怎么回事了？"

嘉维勒说："来时两位前辈告诉我们，只要找到你——钱思哲长老，告诉你一件事，如果你能答应，也许还有可能解开所有的谜团，如果这次也不行，也许就再也没什么可能了。"

钱思哲说："那你们就说吧，我们都会尽力办到的。"

我也不知道这个嘉维勒葫芦里到底卖的是什么药。但是他说得没错，如果这次还无法解开谜团，以后就真的没机会了，因为我们已经回到了现在。

只听嘉维勒说："两位前辈告诉我，只有一个地方有解开这个秘密的可能。那就是洛修特最后走进去的地方，据说微谷也去了。那就是——大殿里的那间被上了锁的小屋。"

长老们齐声惊呼："什么？他们说的是那间小屋，可是……"长老们的目光都转向了钱思哲。

沉默、犹豫、等待、紧张……

"我同意！"钱思哲说。

……

又是一片安静……

"我也同意。"小肯特姆说。

斯泰罗接着说："我后来也听钱思哲长老说过以前的一些事，我相信那两位前辈作出这样的决定一定有他们的道理。我也同意。"

"可是，村子留下的规矩只允许那些决定'回家'不再回来的人进去，难道我们都决定不再回来了吗？"

小肯特姆说："难道我们怀疑的不正是村子的真实性吗？如果是真的，虽然我们无法回来了，但是村里其他的人不也知道了吗？如果是虚假的，我们岂不是得到了答案？难道我们的目的不就是这样吗？"

钱思哲说："是的，即便再经过多少年，这个问题也不会有答案的，除非是通过行动来证实它，因为现在已经到了用事实来证明它的时候了。"

大家随着钱思哲长老走进大厅里，走向那间静默的小屋。

大殿里回响着大家的脚步声，越来越接近了，那扇被上了锁的门就在我们的面前。

门的后面会是什么？是我们一直在寻找的答案，还是我们永远无法预料、无法想象的……

十二、两封信

图书馆编纂一本书目汇编，

它只收录那些不收录自身的书目，

它是否要收录自身？

——书目悖论

吱……

小屋的门被打开了，我们的面前是长长的阶梯，直通地下，随着我们的脚步，两边的墙壁上亮起了灯光。

我不知道走了多久，好像很长，又好像不长，到了下面居然又有一个大厅。一块光滑的大理石上摆着两个信封。

一个信封上写着"留予后来人——洛修特"，另一个上写着"留予后来人——微谷"。他们说的后来人是谁？是我们吗？

洛修特的信：

我猜第一个看到这封信的人应该是微谷吧。

很高兴你终于来了，也许你已经开始怀疑这个村子里的一切了，抬头看看这个大厅的顶。

我们都仰头向上看去，高高的屋顶是一个巨大的半椭圆形，在这个半椭圆面上有很多放射状的线。

你看到了吗？这些就是村子的秘密所在。

这是什么样的秘密？

我想然后来到这里的也许就是那两个外来人了，其实从一开始我就知道你们两个是来探听村子的秘密的。并且由于你们奇怪的举动，我判断你们是从另一个世界来到这儿的。

还记得我曾经说过的一个关于语言的问题吗？

"我坐在桌子上，桌子是名词，所以我坐在名词上。"你们已经有了解释它的办法了吗？是的，其实并不难，桌子是名词，但名词却不是桌子。或者我们应该严格一点，在第二个桌子上加上引号，现在再来看，"桌子"其实不是桌子，"桌子"是一个词而并不是可以摆在那儿的实际物体。名词是一个类概念，它包括的可不止一个词。如果非要说坐在名词上也不是不可以，但要加一点东西，我们就可以说：我坐在桌子上，因为"桌子"是一个名词，所以我坐在一个以名词命名的物体上。虽然这样我们说得有些不清不楚了，但至少避免了错误。

如果你们终于来了，那就让我来解开你们的迷惑吧。

你们说得没错，你们第一天来的时候这里还是一片丛林，而我们来得还要稍晚于你们，但当时我们的能量不足了，大多数人已经昏迷，只剩下我还能走动。后来我发现了你们，就点了一堆火，等你们过来，因为我实在没有力气抬你们了。

记得后来你们问我，为什么当时只要回答我提出的问题就能救大家，其实这就是你们头顶大厅的秘密，也是提供这里能量来源的秘密，我想你们可能也发现了，但是一定无法解释吧？

　　这里的能源就来自你们的思考。

　　当你们随便回答我的问题时是不能产生能量的，只有你们思考时才能产生能量，无论你们是否能够得出问题的答案。这种能量就来自思考的过程。

　　所以是你们救了我和所有的村民，非常感谢。

　　这里还有一个秘密，你们看到了大厅左边的墙上有一个按键盘吗？上面有一个键，可以通过反馈给思考者能量的大小来改变他们的记忆，这也是你们怎么也想不通的吧。为什么有些人来到这儿之后会忘记以前的事，并且会重新形成一个对过去的记忆。我本想改变你们两人的记忆，但我又觉得你们也许是解开这个谜的最佳人选。

　　我吓出了一身冷汗，看看嘉维勒，他也是一脸的紧张，还好这个洛修特没真的那样做。

　　不过你们不用担心，获得这种能量不会对思考者有任何伤害，实际上反而会增进思考者的智慧。但随着智慧的增加，思考者会逐渐对这种存在方式产生怀疑的，所以我知道微谷会来，你们也会来，还有许多我见过、没见过的人也会来。

　　最终大家会发现这些看似虚幻的东西将给你们带来无穷的乐趣。这看似玩笑，但其实我希望你能从自己的思考中得到各自的生命能量。

　　记住：每个人都是会死去的，但将来的某一天，一定还有人活着。他会在干什么？最可能的就是在——思考！

　　朋友们，我只是先你们一步走了，你们可以去关上键盘上写着

"部分"的那个按钮了，如果是长老会的所有成员都来了，就去关上写着"全部"的那个按钮。

再见了，朋友们！祝你们未来好运！

大家都像是重新经历了一遍这段奇特的历史，现在终于可以关上这个能量机器了。

斯泰罗说："大家先别着急，这里还有微谷的一封信呢！"

微谷的信：

我希望打开这封信的是全部长老会的成员，还有你们两位——我的朋友。

你们大概已经看过洛修特的信了，我就不多说了。

只是提醒大家一句："自由"无法给任何人带来自由。

也许我们可以最终摆脱别人的制约，但是无论什么时候我们都不可能摆脱自己的制约。即便我们只是幻想这种自由，我们也无法摆脱，因为我们的幻想也终要受到自己的制约。

最后还要记下一个在我找资料时碰到的问题：图书馆编纂一本书目汇编，它只收录那些不收录自身的书目，它是否要收录自身？

让这个问题伴你们同行吧！

好了，感谢所有到场的人，你们将去关上那个写着"全部"的按钮！

就在大家读完两封信的瞬间，它们竟都无风而散消失无踪了。我们知道，是该走的时候了。

站在那个写着"全部"的按钮前，大家的心情都莫名地有些惆怅。

钱思哲环顾了一周，按向按钮。

然后会发生什么？

大厅的灯光全都熄灭了，半椭圆的屋顶也渐渐地展开，强烈的阳光射进大厅，我就在这瞬间变得毫无知觉，眼前只有一片刺眼的光。

我能意识到自己还清醒着，只听见不远处传来大人们和小孩子欢快的笑声，还有天空中鸟儿的叫声，更远处断续地传来汽车的喇叭声。这是哪儿？

"各位选手请注意，各位选手请注意，历时八个小时的大型时光之旅游戏已经结束，请各位陆续出场。欢迎下次再来，再见。"

我迷迷糊糊地睁开眼，看见自己身处一个屋顶已经打开的大厅里，这好像就是刚才的那个大厅。我看见不远处的嘉维勒，正站在那儿发呆。大厅里已经有人陆续向外走了，我看见门口的那个背影很像洛修特。我走到嘉维勒身边："我刚才好像看见洛修特了。"

嘉维勒说："我也看到他们的背影了。"

"如果你以为理解了我的意思，那么你已经误解了我的意思。"洛修特的这句话到底还有解吗？

"这是怎么回事？"

"我也不知道。"

等我们走出大厅，看见外边有很多十几岁的孩子正在认真地争论着什么。

轰地一震，好像是大厅的门关上了，我的眼前一阵恍惚，刚缓过神来，就听有人说："唉，怎么样？有什么收获吗？"

艾皖！

我们回到了实验室。"嘉维勒，我们现在终于算是回来了吧？"

"我想大概是吧！"

艾皖问："你们在说些什么？难道还能回到别的地方？"

等我们说完这次经历，问他为什么中间我们的年龄会发生变化。原来艾皖改进了机器的部分设置，我们的年龄就是他捣的鬼。可是最后为什么又变回去了？艾皖说："那不是又回到现在了吗？如果继续增长，你们现在岂不是已经七老八十了。"

嘉维勒说："说到书目悖论，我倒想起另一个与图书馆有关的悖论来。图书馆中的书刊上常有读者乱写乱画，就有一位认真的图书馆员拿起笔来，认真地在每本书上都写上'不准乱写乱画！'几个字。"（图书馆悖论）

"老兄呀，受不了，拜托，休息一会儿了。"

听到最后，艾皖决定自己去一趟，因为他根本不相信我们说的一切。可是海德村已经消失了，怎么可能再回去？

艾皖哪肯答应！于是，我们决定……

结构悖论

这个悖论其实也可以看作是与无穷及数学有关的一个问题，不过这里的重点是想让大家对"结构"这个词有所了解。

秃头悖论

诡辩悖论的一种说法。

推理悖论

这个悖论在三段论上有自身的一种解决办法，并被认为是错误的推理。三段论是根据概念之间的关系来讨论的，本书则进一步给大家介绍了概念。希望能令大家感觉到

"概念"就存在于我们的身边。

王尔德悖论

王尔德式的悖论真是令理性迷惑，如：我的缺点就是我没有缺点。每次人们赞同我的时候，我都觉得自己一定错了。除了诱惑之外，我可以抵抗任何事物。生活里有两个悲剧：一个是没有得到我们想要的；另外一个是得到了。

自由悖论

来自另一个悖论——控制悖论（Control Paradox）。我们脱离一切控制时仍然受到自己的控制。

全知悖论

来源于全能悖论（Omnipotence Paradox）（见后）。但在这里主要是想讨论"存在"。

书目悖论

与理发师悖论同为罗素悖论的通俗说法，由瑞士数学家贡赛斯（Gonseth）提出。

图书馆悖论

很认真地"乱写乱画"算不算乱写乱画？墙上禁止"乱写乱画"的标语算不算乱写乱画？

第四篇

娱乐篇

第十一章

智慧游乐园

一、走进问题通道

> 欲速不达。
>
> ——《论语》

接下来我们三个对这次历险进行了总结，发现贯穿始终的是各式各样的问题。这些问题有的显得机智、有的智慧、有的严谨、有的取巧、有的深刻，甚至还有的似乎已经超出了现代人的思考底线。经过大家的集思广益，我们最后决定向公司申请修建一座大型游乐园。

这座游乐园的拟定原则是：内容以各式各样的问题为主，形式上采取逐步晋级法；目的是：开发智力，启发思维；辅助效果是：宣传生态保护，增强合作意识，推广科学知识。当然，我们相信大家一定会在最后修建完成的游乐园中有自己的新发现和新感悟，结果自然是因人而异，我们只希望每一个来这里的人都能有所收获。

我们向公司总部提交了建设申请，并联系了政府部门，希望他们也能支持这样一个有利于当地社会发展、提高本地知名度和丰富居民业余生活的项目。

公司很快就给了肯定的答复，但最终是否会投资建设还要看我们的设计情况。大约在两周后政府部门也表示支持：同意建设该项目，要本着寓教于乐的原则，还决定划出一块地作为市政对该项目的支持。好极了！

经过一个半月的集中设计，半个月的修改，方案终于完成了。在设计过程中，嘉维勒和我，以及从希思城邀请来的麦力老兄一起搜集了各学科领域的有趣问题，并且它们都有一个相似的地方，那就是有点似是而非。其中各种机器、设备和技术上的问题都由艾皖和他的两个助手负责完成和管理。嘉维勒在设计的第一稿完成后因为开学赶回了诺斯镇，等到修改了一半时麦力也被召回，幸好剩下的已经不多了。

方案通过后，建设就开始了。整个工程仅用了一年半的时间，正式对外开放那天，嘉维勒和麦力都被邀请来了。

游乐园共有三个场地，每个场地每天限制最多参与人数为144人，共分为16组，每组9人，每隔20分钟出发一组。入场费为每人200元，每通过一关返还10元，全部通过者除返还其全部入场费外，还可以被聘请为游乐园兼职的巡场员或分析员，可定期参加游乐园的内容更新会议，参与内容修改、增加等项议程。

游乐园开放近半年里，几乎天天爆满。看来这种形式还是得到了大家的一致认可，无论是公司还是市政对此都非常满意。

我专门为麦力的女儿和儿子、艾皖的儿子、嘉维勒的四个学生，还有我的两个侄女预订了假期里的一组，正好9人。这些孩子自从听说有这么一个游乐园，早都等得不耐烦了。

约定的日子终于到了。

我对他们说，如果通过五关以上（包括五关）或者第一个环节，所有费用都由我来出，否则由他们的爸爸和老师来出，包括我的侄女。我想这样能给他们一点压力和激励。

看着他们走进电梯，游戏就要开始了，我们也回到了监控室。

这一组里年龄最大的是麦力的儿子欧罗克——15岁，最小的是嘉维勒的学生乌斯丽塔——12岁，平均年龄13.4岁。

电梯门打开了。

九个孩子陆续走出电梯，电梯门关上。

他们已经进入一个半圆形的屋子里，在他们面前有两扇门，一个上面写着"终南捷径（A）"，另一个上面写着"欲速不达（B）"。

这一组的巡场员打开了对话器：

各位选手你们好，欢迎来到智慧游乐园。

你们已经进入了智慧游戏之中。

我是你们这一组的巡场员，可以随时通过监视器看到你们，如有什么要求可以随时提出，但不能与你们当时面临的问题有关，以后的每一处都由我来作说明。

你们现在位于"问题通道"的入口处，只有通过这个通道你们才能进入下一个环节。

游戏规则是：

一、你们面前的两扇门是通往不同关口的入口，由于每一扇门通向的是不同的地方，所以各自将经过的关数也不相同，最长的一条路足以返还所有的入场费，但未必能进入下一个环节。因为无论是哪一条路都必须走完才能进入下一个环节，而不在关数的多少。

二、游戏为限时游戏，除每处分别有限时外，"问题通道"总限时为八个小时，其中有一个小时的休息时间。但还要提醒大家，每处的分别限时数加起来的总数将超过八小时，也就是说，如果你们在每处所花的时间正好是该处的限时数，那么你们就不可能走出"问题通道"。

三、限时是每个人分别计算的，谁的时间先用完，还没走出"通道"，就不得不中止游戏了。

四、提醒大家，每条路都可以走出"问题通道"，所以时间就是你们取得成功的关键。

五、在题目没有明确要求必须独自回答问题时，你们可以自己决定是否组成团体，并选出代表来回答。一旦决定大家就必须遵守，否则将被取消继续参加游戏的资格。

六、你们的入场券上都输入了你们各自的信息，整个游戏都需要使用。

现在你们看自己的入场券，上面有 A 和 B，它们对应你们面前的两扇门上面的字母。还有第三种选择，如果想主动退出，可以不参加选择，等其他人离开此处后，我们有工作人员将退出者带出游乐园。以后各处也是如此。

因为这里还没有进入关卡，所以这里的时间是全体选手统一计时的。现在请大家开始选择，时间为 15 分钟。

谁会选"终南捷径"，谁又会选"欲速不达"？

二、终南捷径

现在的船还是原来的船吗？

——特修斯之船

年龄最小的乌斯丽塔说："我们要不要选出一个代表来决定，这样我们就可以一起走了。"

年龄最大的欧罗克说："但是这样做，其他人岂不是就没法发表自己的意见了吗？"

艾皖的儿子艾雷纳说："我们可以先讨论，等大家都通过了再由选出的代表选择。"

欧罗克说："如果大家不能一致通过呢？"

嘉维勒的学生特里特说："那只好少数服从多数了。"

另一个学生亚斯贝勒斯说："为什么一定要一起走？你知道，乌斯丽塔，后面的路还很长，不可能每一关都一起走的。我们为什么不尊重各自的意见呢？"

娜娜说："是呀，每条路都能遇到很多问题，我们不就是来游乐园玩的吗？不一定非要走一条路，那样反而没意思了。"

可是维维不同意姐姐的说法："那我们是一个小组呀，就应该一起行动！不然也许大家都走不出这个'问题通道'。"

她这样一说还蛮有煽动力的，毕竟大家都想走出这个通道，进入第二个环节呢！

欧罗克的妹妹欧萝丝说："反正我和哥哥在一起。"

最后发言的是平奇卡托。"时间已经不多了，我认为既然有愿意自己选择的，有愿意相互组合的，那大家就因人而定吧。各自选择各自的方式。"

结果是，欧萝丝跟哥哥欧罗克和艾雷纳、特里特组成一个小组，一致通过选"欲速不达"；乌斯丽塔跟着亚斯贝勒斯和平奇卡托选了"终南捷径"；维维可以出主意，但做什么事都爱跟着姐姐，她们也选了"终南捷径"。

两扇门随着大家按下选择项缓缓打开了。

"终南捷径"组很快就到了关口，门外是一片露天的草地，草地中间放着一艘大船。

巡场员说："请选手走到船边。"

五位选手走到大船跟前，只见船身上有一个大显示屏。

上面写着：

传说中古希腊神特修斯有一艘战船，被雅典人作为历史文物保存起来。但是船上的一些木板已经腐烂了，必须要重新修补。

如此这般地经过了许多年，这艘船的许多部分都被重修了。终于，船上再也没有最初的木板了。

请问：现在的船还是特修斯曾经的那艘船吗？如果不是，那又是从什么时候开始不是的？

巡场员说："这个问题是特修斯悖论，又叫作特修斯之船。你们的入场券上有'是'与'否'，回答是的走左边的门，回答否的走右边的门。请大家走到船上随便找一个位子坐下，这个问题各位分别回答，谁先回答都可以，先回答的可以先走，这样不会耽误时间；如果回答完后没有离开这里仍然计时。每个人的时间为五分钟。有问题吗？"

乌斯丽塔说："结果还不是要各走各的，刚才为什么让我们耽误时间讨论是不是一起走。"

巡场员说："我只是告诉大家，规则允许组成团队，但并没有让你们一定要组成小组。另外，每次游戏都有人愿意组成小组一起行动，这样虽然会耽误一些时间，但有时也会发挥人多力量大的优势，这就要看各自的选择了。还有问题吗？……好，计时开始。"

三、恭喜，你通过了第一关

大直若屈。

——《道德经》

两分钟，平奇卡托选择了"否"，两分半钟，亚斯贝勒斯选择了"是"，三分钟，娜娜选择了"否"，三分半钟，维维选择了"是"，将近四分钟时，乌斯丽塔选择了"否"。

平奇卡托回答完并没走，亚斯贝勒斯问他为什么不走，他说："等乌斯丽塔一会儿，她的年龄最小，我担心她一个人会害怕。"

亚斯贝勒斯说："看样子以后的问题迟早还是会把大家分开的。那我先走了。"

"好吧，希望咱们能在出口处见面。"

"再见。"亚斯贝勒斯走进了左边的门。

娜娜也没走,在等维维。维维从船上下来:"姐姐,你选的是什么?"

"我选的是'否',你呢?"

"我选了'是',咱们要分开走了。"

"没关系,只要我们努力,一定会走出去的。快走吧。"

维维只好自己走向左边的门。

这时乌斯丽塔也下来了,于是他们三个一起走向右边的门。

维维走进了左边的门。

巡场员说道:"请在两分钟内说明一下选择'是'的理由。"

维维说:"我觉得虽然船上的零件都被换了,但是最少在更换零件时没有改变船的结构。按理同样的材料可以造出不同的船,但是这些新材料还是组成了与原来的船一模一样的船。所以我觉得,虽然材料是新的,但它还是特修斯的船。"

这时传来另一个声音:"你好,我是今天的游戏分析员。你的意思是说,船的结构才是一艘船的本质,而不是材料。"

维维问道:"现在计不计时?"

"你已经回答完了,现在不计时。"

"我的意思大概是这样,但我不太明白你说的'本质'是什么意思。"

"这个问题等游戏结束后再思考吧。"

巡场员这时说:"恭喜你,你已经通过第一关了。现在请进中间的一扇门。"

"真的!"维维回头看了看来时的路,"姐姐,你也要加油。"

在这同时,平奇卡托他们三个也在分别阐述自己的想法。

平奇卡托认为当最开始修这艘船的时候，这艘船就已经不是原来的船了。因为所谓原来的船，就是特修斯独有的那一艘与任何别的船都不一样的船。当人们开始修理它时，它就已经不再是原来的船了，它已经与原来的船不一样了。

分析员说："你的意思是，改变原来船上的哪怕一点儿东西都会使船只改变。"

"是的。"

"现在假设没有人修理它，船上的木板腐烂了，这时这艘木板腐烂的船还是原来的船吗？即便木板没有腐烂，今天的船与昨天的船还是同一艘吗？"

……

分析员又说："你现在可以不想它，你的回答已经通过了。"

这时娜娜和乌斯丽塔也回答完了。

巡场员说："恭喜三位选手，你们通过了第一关。请继续走右边的门。"

在通往下一关的路上，乌斯丽塔问娜娜："你是怎么回答的？"

娜娜说："我觉得应该是在全部材料换掉一半的时候，那艘船就不是原来的船了。因为新木板比原来的木板多了。但是有个分析员问我，'你是不是认为原来的木板或者材料在整个船上所占的比例决定它还是不是原来的船只'，我说'是的'，但他接着问我，'那么我现在假设，如果原来的东西与新的材料各占一半的时候呢，还是不是原来的那艘船'，我一时也想不出怎么回答了。乌斯丽塔，你呢？你是怎么回答的？"

乌斯丽塔说："我和你想的不一样。我觉得是在最后一块木板被换掉的时候才不是原来的那艘船的。"

"为什么？"

"因为我想只要还有一块原来的木板，那这艘船就不能说是完全消失了，既然原来的这艘船仍然还存在，就不能说它已经不是原来的了。"

平奇卡托也问道："有没有分析员问你?"

"有，他说'你是不是认为原来船上的最后一块木板仍然可以代表它还存在，因为它还没有完全消失'，我说是，他又问'那么现在我将最后一块木板拆下来换到另外一艘新船上，现在你想象一下，这艘新船现在是它自己呢，还是变成了特修斯的那艘旧船'，我也没回答上。但他说这已经不是要问的问题了，我可以以后慢慢去想。平奇哥哥，你也说说你的。"

听完了平奇卡托的回答，三个人都有点奇怪。但是大家都知道现在不能想这么多，还要集中精力闯下一关呢!

当这一批人员都已经过了一关时，另外一批终于走到了一个长方形的屋子里。

屋子里什么都没有，只在迎面敞开的两扇门之间的墙壁上写有四个字——大直若屈。

巡场员说："你们已经看到，在左边的门里有一条弯弯曲曲的路，不知道还要走多久才能到一个关口，但也许就在第一个拐弯处!

右边的门里是一条笔直的路，它的尽头就是一个关口。

现在你们可以选择了，每人的时间为六分钟，如果没有问题就开始计时了……好，开始。"

还没到关口又出现一个选择，这难道是"欲速不达"的含义?

艾雷纳说："我们选择'欲速不达'的意思就是要稳扎稳打，不走捷径，可是现在我们没有'欲速'，结果却还是'不达'。"

欧罗克说："我们既然不'欲速'，现在不是正好嘛! 我们又可以慢点了。"

嘿，他这样说，岂不正是得了"欲速不达"的真髓。

只是右边的这段路的确很长。

四、二对二，怎么办

全能的主能否造出一辆自己开不走的车。

——全能悖论

我们在监控室里看见他们几个在紧张地讨论，暂时没有结果。

我看见另一个屏幕上亚斯贝勒斯已经走到了第二个关口，他刚才对特修斯之船的回答多少令我有些惊讶。

他说："无论这艘船实际上还是不是原来的船，但是我们已经接受它就是特修斯之船。新的木板或者旧的木板其实都一样，它始终还是原来的特修斯之船。这是公众给这艘船的称呼。"

分析员问他："如果进一步延伸一下，是不是可以这样理解你的意思：无论一艘船是不是特修斯之船，只要全社会都承认它是，那它就是。"

"应该可以这么说。但并不一定要全社会的成员都承认，实际上我就根本不知道特修斯之船是什么样子，如果有人告诉我刚才见到的那艘船就是，并且这个人是我可以信任的，我也会接受这个说法。"

"你的观点接近于'诉诸集体'的原则，就是你会倾向于接受公众的观点。"

"嗯……我未必会同意公众的观点，但我却不得不接受。因为即便我有自己的看法，如果得不到公众的认可，有和没有观点又有什么区别？"

分析员又问道："举一个也许不是太合适的例子，但可能更能说明我的想法。如果在某个社会中大家都认为你的精神不正常，并一致同意将你收治到精神病院，这时你是否也会接受？当然我相信此时你未必会同意公众的意见。"

"那我不接受行吗？"

"我是说在你自己的意识中，你也会接受吗？"

"这种情况……"

亚斯贝勒斯的回答，以及分析员的提问让我忘记了亚斯贝勒斯还只是一个十几岁的孩子，因为这种想法过于成熟，甚至是很多人都难以意识到的。

这时欧罗克四人又出现了分歧，欧罗克和特里特决定走右边，而艾雷纳和欧萝丝想走左边。欧罗克和特里特认为右边的路虽然看上去很长，但是关口就在尽头处，这个目标是确定的，而左边仍是未知的；但艾雷纳提醒大家"大直若屈"的意思就是说看上去好像是崎岖的路才是真正的坦途，欧萝丝也是这么想，但最后还是选择跟着哥哥欧罗克。

于是暂时形成的小组分散了，艾雷纳决定走左边，其他三人走了右边。

艾雷纳转了大概两个弯，果然比欧罗克他们先到了关口。

巡场员问他："这一关的问题是：全能的主能否造出一辆自己开不走的车。回答'否'请走左边的门，回答'能'请走右边的门。时间为四分钟，没有问题我们就开始计时了。"

"开始吧。"

艾雷纳想，既然是全能的当然能够造出任何东西，所以它能造出这辆车。可是设计者不会出这样的问题，不可能这么简单，但是如果设计者已经想到我会这样想，那他们也有可能偏偏就设计一个简单的问题用来迷惑选手。这样时间就会在犹豫中度过，所以还是选"能"。

艾雷纳准备按向按钮。不对，这辆车是一辆开不走的车，如果设计出来岂不是连这个万能的主也开不走？艾雷纳出了一身冷汗，他想幸好还没按下按钮。可是一辆开不走的车是对谁而言呢？如果他造出一辆根本就开不走的车，那当然就无法开走了！可是这算不算"无能"呢？如果是一辆有着四方轮胎的车，或者根本没有动力系统的车，那无论谁也开不走，这时即便是全能的主开不走，也不能说他就不是全能的了。

所以他还是能造出这样一辆车，可是如果……

艾雷纳已经忘记了时间。

巡场员说："对不起，时间已到，为什么还没有选择？"

艾雷纳说："因为无论我选择哪一个都会与其中的前提相矛盾。我真的难以决定。"

分析员说："你说说自己的想法。"

"开始我想，全能的主当然可以造出任何东西，但是我发现他要造的是一辆自己也开不走的车，如果他造出来了，他却开不走，这样就说明他不是全能的了，但是前提已经说了他是全能的。可是我又想，如果有一件根本不可能做到的事，而全能的主也没做到，这时我们能说他就不是全能的吗？"

"你说得很好。的确，如果全能意味着可以做到一切，那岂不是也能做到不可能的事嘛！全能并不意味着就可以改变'水的组成'，也不意味着可以改变 1+1=2。"

"你的话，我觉得似懂非懂。"

分析员说："没关系，留着以后再想。你可以继续游戏了。"

"可惜我已经超时了。"

又传来了巡场员的声音："对这一关问题的回答本来就有三个方式，你选择的是第三种，即不回答。恭喜你，你已经通过这一关了，现在你不必走这两个门，请你继续沿着原来的路走。"

"那我和你们说了这么久……"

"这些都不计入游戏时间。不过现在开始计时了。"

五、两种选择

是坚持原来的选择，还是改变？

——路径悖论

这时亚斯贝勒斯又到了一个关口。

巡场员说："请看墙上面的问题。"

问题是：

现在你面前有三扇门，其中一扇门后有直接通往下一关的捷径，另外两扇门后会经过一段很长的路才能到下一个关口。现在你可以随意选择一扇门。你必须在两分钟内作出选择。

亚斯贝勒斯基本没有犹豫："我选中间的一扇门。"

这时右边的一扇门打开了。

巡场员的声音说道："现在你已经能看到，右边这扇门后面不是捷径。在你已经选的和另外一扇门中，你还可以再选一次，而且你选定的就是你要走的。时间四分钟。"

这次亚斯贝勒斯犹豫了一会儿："我还是决定坚持原来的选择。"

分析员问道："为什么?"

亚斯贝勒斯说："因为我第一次选择时，我只有三分之一的可能选中通向捷径的门。现在已经知道右边的不是捷径，那么在剩下的两扇门里选出这扇门的概率就成了二分之一。虽然概率提高了，但选择的依据还是一样的，因为事先都同样是不可知的。"

分析员说："你的意思是说，虽然概率提高了，但第二次选择和第一次没有本质的区别。因为概率再高，只要不是百分之百，就不可能保证一定能选到那扇门。"

"是的，所以我还是坚持原来的选择，至少我现在知道我没选右边的一扇门就已经离那扇门近一点了。"

巡场员说："很好，你又通过了一关，请继续。"

亚斯贝勒斯推开了他坚持选定的中间那扇门……

此时平奇卡托三人和艾雷纳都已快走到下一个关口了，而欧罗克三人还没闯过一次关呢!

我们现在看看维维，因为她已经走到亚斯贝勒斯刚离开的地方了。

维维第一次选择了左边的一扇门。

这时中间的一扇门打开了。门后没有捷径。

维维经过三分钟的考虑，决定选择右边的一扇门。

维维的选择是否出于跟亚斯贝勒斯同样的理由呢?

分析员问她："为什么改变原来的选择？"

维维说："第一次能选到那扇通往捷径的门只有三分之一的可能，但是当中间的一扇门打开后，因为这一扇门不是通往捷径的，所以那扇门只能在剩下的两扇里面。但是如果我坚持选择左边的这扇门，就相当于中间的门根本没有打开过，我选对的机会还是三分之一，而我现在变换一下选择，意味着我的机会是三分之二。"

分析员说："你的想法很特别！但是不知道你想过没有，当中间的一扇门打开后，你继续选择左边的概率就不再是三分之一了，而是二分之一，也就是说如果你继续选择左边，你的机会一样是增大了。"

维维说："即便是这样，坚持选左边和改选右边的机会还不是一样。我改选右边岂不是同样增加了机会？"

分析员说："那倒也是。"

"不过你这样一说，我对概率的认识又深刻了一点。当一件事已经确定时，就不存在概率的问题了。"

"谢谢！"

巡场员说道："你已通过了这一关，请走你选的路。"

六、伟大的想象

是否存在一种能够溶解世上一切物质的溶液？

——溶液悖论

当维维推开右边那扇门时，平奇卡托、娜娜和乌斯丽塔也走到了新的关口。

巡场员告诉他们："请走近门边，上面的屏幕显示着这一关的问题，请三位选手先阅读。"

屏幕上写的是一个故事：

从前有一个天才儿童，他非常喜欢化学，立志成为一名化学家。经过多年的努力，在不到30岁时他就已经是著名的化学家了。有一天他突发奇想，宣布自己要研制一种万能溶液，也就是说，他要研制的这种溶液可以溶解一切物质。

现在请问：他能研制出这种溶液吗？

"回答能的将走右边的门，回答不能的走左边。这道题可以讨论，统一计时，你们的时间是十分钟。"

三人讨论了一阵子，最后还是没能统一意见，平奇卡托和娜娜认为不可能有这样的溶液，但乌斯丽塔却认为有。

娜娜先说："我觉得不可能制造出这样的溶液，如果真有这样一种溶液，那它会溶解任何所碰到的东西，可是我们把它放在哪儿？放在瓶子里，瓶子被溶解了；放在桶里，桶也会被溶解。实际上，我们根本不可能找到一种容器来盛这种溶液，那么也就不可能通过任何方式将它研制成功。"

巡场员问平奇卡托和乌斯丽塔："你们呢？讨论出结果了吗？"

平奇卡托说："我和乌斯丽塔选的一样。"然后看了看她，"你来说吧。"

乌斯丽塔说："可是你刚才还在和我争论，现在怎么又同意我的说法了？"

巡场员说："既然他已经选择和你一样的答案，你就代表你们两个吧。"

乌斯丽塔说："我认为他能研制出这种溶液。"

分析员问道："你刚才也听到娜娜的回答了，难道你认为她说的没有道理吗？"

乌斯丽塔认真地说："听到了，娜娜说的我也同意。但是我想，即便没有东西可以存放这种溶液，还是可能存在这种溶液的。"

分析员奇怪地问："那又是为什么？"

乌斯丽塔想了想说："其实一种溶液不一定非要有东西来存放它，它才能存在。"

平奇卡托说："我到现在还是不明白你的意思。"

乌斯丽塔有些着急地说："就好像……就好像大海一样，大海也没东西来存放，它不就存在吗？"

……

分析员也被问得愣了一下："可是这种溶液是可以溶解世上一切物质的，我想当然也包括泥土、岩石，甚至是整个地球。你同意吗？"

乌斯丽塔反问道："那又怎么了？"

"嗯……那就是说，地球上根本无法保存这种溶液。"

乌斯丽塔真有点生气了，她一定在想，你们怎么就不明白呢？她说："干吗一定要存放它呢！我不是说了嘛，能不能存放并不能说明能不能存在。我们现在不是想问'能不能存在'吗，又不是问有没有办法存放！地球没法存放，它就不存在了吗？那它就把地球溶解了呗。"

分析员说："你的意思我大概明白了，也挺有道理。这样想来，说不定宇宙就是这样的一种溶液，所有的一切都在它的里面。"

乌斯丽塔说："我反而不太明白你说的了。"

巡场员插话说："好了，平奇卡托虽然没有回答，但结果是你们三

198

人讨论过的，所以只要代表回答通过即可。现在你们三人都通过了这一关。并且由于乌斯丽塔的回答很具有想象力，评委组临时决定给乌斯丽塔加计一关。"

娜娜说："我要从这边走了，我们一定会再见面的。"

平奇卡托说："好，我们在通道出口见吧。"

乌斯丽塔抓着娜娜的手说："我相信我们很快就会见面的。"

才这么一会儿的时间，三个人就像多年的好朋友一样了。

七、紫牛与黑乌鸦

如果所有的乌鸦都是黑色的，

那么发现一头紫色的奶牛就加强了这个结论。

——乌鸦悖论

欧罗克三人终于走到了他们的第一个关口。等待他们的会是什么问题呢？

巡场员说："祝贺你们走完了这段漫长的路。现在你们的问题在右边墙上的显示屏上，我们将视你们回答的情况决定你们走哪条路。时间是 15 分钟，统一计时。"

显示屏上写道：

有人发现一个现象，见到的乌鸦都是黑色的。于是人们就得出结论：所有的乌鸦都是黑色的。可是后来有人怀疑这个结论，但又确实没有发现过别的颜色的乌鸦。于是就有人针对这个问题说："虽然我们还不能严格地证明所有的乌鸦都是黑色的，但是当我们发现一头紫色的奶牛时，我们就能加强"所有的乌鸦都是黑色的"这个结论。

请问这是什么道理，你可以接受这个道理吗？

欧罗克说："我觉得得出这个结论利用的是归纳法。"

特里特问道："你说的是关于乌鸦的结论，还是后来用于证明的办法？"

欧罗克说："不好意思，没说清楚，我说的是得出'乌鸦都是黑的'这个结论利用的是归纳法。因为人们只能通过观察发现第一只乌鸦是黑的，然后第二只、第三只……结果很长时间没见过其他颜色的乌鸦，于是就得出这样的结论。"

欧萝丝说："但是归纳法并不能保证结论总是对的。"

欧罗克说："不错，但是我们的知识不都是经过总结经验得来的吗？"

特里特说："我觉得不完全是这样。很多知识的前提的确都是从经验中总结出来的，但是更多的知识是通过各种方法推理出来的，这就是知识学上说的演绎法。但是现在的问题不是如何得出这个结论的，而是后面说的用于证明或者加强这个结论的办法是什么道理。"

欧萝丝说："对，我们先来想想后面用的是什么办法。但是奶牛和乌鸦有什么关系呢？奶牛岂不是也可能有黑的，如果我们发现的不是紫色的而是一头黑色的奶牛呢？"

欧罗克说："如果是黑色的奶牛当然就和这个结论无关了，这只能说明黑色的东西不只是乌鸦。"

特里特说："你这样一说我反而有些想起来了。既然说'所有的乌鸦都是黑色的'，那么也就是说'所有不是黑色的东西都不是乌鸦'，其实这两个说法是一致的，那么要证明前一个结论也就是要证明后一个。"

欧萝丝说："没错，既然证明两个说法是一样的效果，我们就可以反过来只证明后一个。"

欧罗克说："这时我们只要找到不是黑色的东西，然后看看它是不是乌鸦就行了。"

"所以当我们发现了一头紫色的奶牛时，就加强了'乌鸦是黑的'这个结论。"

欧罗克犹豫了一会："不过这样虽然解释了题目中所用的办法，但是仍然不能保证证明是严格的。"

欧萝丝问："为什么还不能保证呢？两种说法不是等价的吗？"

特里特说："两种说法是一样的，这没错。但欧罗克的意思是，即便后一种说法也只能使用归纳法，关键是归纳法并不一定能得到确定无疑的结论。"

欧罗克说："是这样。前面的说法需要一只一只地找乌鸦，看看是不是黑的，后一种说法其实同样是要找各种不是黑色的东西看是不是乌鸦。这种办法只能靠数量的增加来加强结论的正确性，但始终没法证明这个结论。"

欧萝丝说："那怎么办？咱们接受这种证明方法吗？按理说这种方法也是解决'乌鸦问题'的一个办法呀！"

特里特说："这就看我们是否接受归纳法了！"

八、我行我素还是改变策略

分析员说："你们的讨论很好，现在你们是否已经决定怎样回答了？"

欧罗克对特里特和欧萝丝说："我觉得可以接受这种方法，因为归纳法本来就适合这类问题。"

欧萝丝也同意。特里特说："的确，这是解决此类问题的方法。"

"好，我们接受这样的解决办法。"

分析员说："现在你们不必再重复你们的分析了，我们已经听到了。正如你们说的，这种方法虽然不能最终证明结论，但却是解决此类问题的办法。因为我们不可能一个一个找出所有的乌鸦，并确定它们都是黑色的，同样更不可能把所有的不是黑色的东西都找出来，确定它们都不是乌鸦。但是每当我们发现一头紫色的牛或者红色的苹果、绿色的树，而这些都不是乌鸦，于是我们就加强了对结论的确认。

"但是一旦我们发现一个不是黑色的东西是一只乌鸦，或者一只乌鸦不是黑色的时，我们就能证明这个结论是不正确的。"

"你的意思是不是，如果这种问题最终能被证明，那也只能是否定的。"

"不错，对于归纳法来说，一个反例要比十个例子还有说服力。"

巡场员说："好了，现在三位已经通过了这一关，请走右边的一条路吧。"

此时艾雷纳也遇到一个类似的由巡场员决定路线的问题，由于他没能很好地思考，只好由巡场员替他选了一条可能路线更远或者问题更多的路线。

接下来亚斯贝勒斯、维维、平奇卡托、乌斯丽塔、娜娜、艾雷纳分别在不同的路口遇到了同一个问题。

路口处又是两条分叉路，分别是"我欲乘风归去"与"路漫漫"。

巡场员解释了一下："两个说明不言而喻，仍然是一条代表距离较近，但未必好走，另一条路途较长，但也不一定只是靠体力来完成的。你们当然可以继续坚持原来的想法，或者可以改变一下道路。"

如我们所料，亚斯贝勒斯坚持走"我欲乘风归去"的"捷径"，他这样选择的理由是充分的，因为到现在他一路还算顺利。维维却改变了方向，巡场员问她为什么改变原来的想法，其实她到现在也是挺顺利的。维维的理由也很简单，她说自己不喜欢这两句提示用语，相比之下，"路漫漫"虽然让人感觉远点，但同时让人觉得更踏实一些。没想到小孩子也会对感觉这么认真！

平奇卡托、乌斯丽塔和娜娜都坚持了走"捷径"的路线，艾雷纳可能是想赶回点时间，他也选了"捷径"。

九、设计的理念

一个地方总是没有想象中美丽，
但是热爱旅游的人却总是锲而不舍。

——旅游悖论

这时麦力问我设计这些题目有没有什么含义，含义当然有。

其实整个游戏是模拟一个人的一生，在不同的阶段选择不同的问题，不过能否理解只能看参与者自己的感悟。游戏只是尽量在人生的某个点上做些标记而已。比如在有些路口并不是回答问题，而是选择路线，这象征着人生选择，而问题有深有浅，代表着人生的磕磕绊绊。

第一个路口的"终南捷径"和"欲速不达"，其实代表着两种人生之路。经过一些关口以后，又要作出"乘风归去"和"路漫漫"的选择，那是因为每个人都可能改变自己最初的想法，当然现实中没人会这样直接明了地面对选择，绝大多数时候是在不知不觉中作出的。这样的设计思路未免令人觉得有点故弄玄虚，不过要是有心人能因此多得到一些额外的收获也是不错的结果。

问题出现的地点并不固定，会根据当时的情况以及参与者本身的信息有所改变，另外题目也在不断更新中。总的原则是因人而异，因为如果问题对某个人来说太难或者太简单的话，那从游戏里就不可能得到太多的收获。在游戏过程中分析员会针对参与者的回答给予引导性的或者确定的提示，以便帮助参与者尽可能多地从中获得知识和分析问题的方法。

麦力还对我们如何判断一个人的回答是否能过关感到奇怪。

艾皖说："这可就要问我了。我们的大部分工作就是在设计这种机器，一种可以用来测量人的思考活动的机器。"

"测量思考的机器？"

我对麦力说："这还是从海德村得来的灵感呢！不过我们真没想到艾皖能设计出来。"

艾皖说："也不看看是谁！这种机器可以测量出每个参与者思考问题时所产生的能量，当能量超过一定的值时，我们就确定能过关了。"

"可是这种能量会不会和其他的能量混淆，比如紧张、兴奋等情绪也会产生能量。"

"这些能量的来源不同，我敢负责地说我们的测量是科学的，当然还有改进的余地。"

我故意问道："那干吗不改进？"

艾皖说："至少到现在，科学上还没有出现改进的办法，我是说将来有这个可能。"

嘉维勒也说："其实对于这个游戏现在已经够用了，毕竟游戏的目的不是要最精确地测量大家的思考能量，而是让参与者获得更多、更强的思考能力。"

麦力高兴地说："那过了这个'问题通道'还有什么好玩的？"

嘉维勒说："我们还是看看孩子们的出色表现吧！跟着他们，你自然会知道的。"

我说："对呀，不要着急。"

时间很快就过去了一半，现在是选手们休息的时间了。他们就在各自的位置休息，有人员负责将食物送给他们。

没想到在平奇卡托和欧罗克两组里还分别自发地开始讨论起来。

乌斯丽塔看见平奇卡托只知道吃快餐食品，就说："你知不知道那是垃圾食品？"

"什么垃圾食品？"

"快餐食品没什么营养，吃多了对身体没什么好处。"

"不可能，专家说过这些食品里也含有各种营养成分。"

"只能让人长胖。"

"人长胖难道不需要营养？"

"至少是营养成分很不均衡吧！"

……

没想到吃饭还能引起他们的讨论。

欧罗克他们三人讨论的是旅游问题。

特里特说："我发现一个比较奇怪的现象。现在世界各地的人都喜欢旅游，可是许多人去过一个地方后又会后悔，大呼不值，因为实际的景点与去之前想象的地方完全不是一回事。但是热爱旅游的人却总是在下一次机会到来时难以割舍，即便他们已经意识到这次可能还是不能满意。这不是很奇怪吗？"

欧罗丝说："我倒觉得不是这么简单。如果一个人总是经历自己不满意的旅行，他又为什么会成为一个热爱旅游的人呢？也就是说旅游爱好者是怎么形成的？"

欧罗克说："并不是每个人天生就会喜欢旅游，这个爱好是可以培养的。"

特里特说："其实我倒觉得没有人天生就喜欢旅游，都是后天培养的。我觉得旅游的动机是一个很重要的原因。"

欧罗丝说："一个人是否喜欢旅游的原因很多，怎么可能知道？也许只是由于工作的需要呢？"

欧罗克说："奇怪的是，即便意识到旅游可能会不满意，但还要去。难道有什么神秘的力量？"

一个人为什么总会幻想没见到的东西会很美呢？就是因为在自己的想象中太美好了，所以即便在现实里不是这样也要去经历。

一个人必须有希望、有幻想，他才能不断地去寻找，虽然他可能会渐渐地明白什么也找不到。但是这种希望和幻想已经逐渐地成了他的理想，也许他并非仅仅想从一个地方到另一个地方，而是想从现实走向理想。

每个有梦的人都会选择某种方式接近自己的理想，旅游只是其中的一种形式，这种形式可以有一个具体的起点和终点。虽然很多人已经知道这个终点并不是自己的理想，但是这种寻找的过程却不会停止。

我们不都是在旅游嘛?! 只要有理想就是在"旅游"，只不过是时间的变换而不是地点的变换。所以坚持旅游的人其实都是在寻找自己，也许因为他没有希望想从中找到希望，也许他已经有了理想，想从中实现自己的理想。

明知结果可能不是自己所要的，但还要努力去得到的原因只能是：为了自己的梦想。这就是那个神秘的力量！

三个孩子低声重复道："为了自己的梦想……"

我们静静地听着孩子们的讨论，觉得他们已经长大了。

我不禁自问，还记得曾经的梦吗? 至于饮食嘛，还是"兼容并包"为好。

十、继续前进

你先选了第一个信封，

要不要再改选第二个?

——双信封悖论

休息完了继续上路吧。

平奇卡托和乌斯丽塔最先到了一个关口。

题目就在两扇门之间的屏幕上：

现有两个装着钱的信封 A 和 B，其中一个信封里的数量是另一个的两倍，但不知道具体钱数是多少。你可以任选其一，然后有一次机会决定是否更换另一个信封。

现在假如你选择了信封 A，打开一看，里面有 100 元。你是拿走这 100 元，还是改选 B？

巡场员告诉他们这一次的过关办法有些不同："你们俩必须在讨论后选一个。'是'走左边，'否'走右边。时间十分钟。"

乌斯丽塔说："正好，免得我们选了不同的答案又要分开走。既然信封里的钱是意外所得，为什么还要换呢？何况还可能损失一半。"

分析员说："哦，这样选也可以，不过这等于放弃思考了。"

平奇卡托说："按理任意选择就没有再换的道理。不过我们先来看看可能的情况，信封 A 里有 100，那么信封 B 里可能是 50 或者 200，这两种可能各占 50%。计算一下期望值（平均值）：$200 \times 50\% + 50 \times 50\% = 125$，如果是这样，那应该交换。"

乌斯丽塔说："可那是平均值，并不能说明问题。为什么平均值大就应该换？"

平奇卡托说："这个平均值是对未知的预期，所以应该叫作期望值，期望值大于 1 就值得做了。"

乌斯丽塔说："是谁说一定要相信期望值？那不过是一个数学上的计算罢了。"

平奇卡托说："既然是理性推理，当然是理性的决定了。"

乌斯丽塔哈哈笑道："对呀，可是并非每个人的行为都是理性的，我就是感性的。不过，你还是上当了。"

平奇卡托奇怪地问她："我上什么当了？"

"你计算了期望值，我现在也来计算一个期望值。假定在没作出选择之前，一个信封里是 a，另一个是 2a，此时的期望值是：2a×50%+a×50% =1.5a，如果按照 a 是 100 的话，那么在选择前的期望值是150，比你计算的 125 还大，那就不必交换了吧。"

平奇卡托想了想说："你说得没错。开始时两个信封的期望值都是 1.5a，所以才公平，任选其一都是一样的期望值。但你假定的a=100 不对，因为你设定 a 时指的是少的那个信封的数量，如果你知道 a=100，那么另一个自然就是 2a=200，这时你拿到信封根本不必计算就能决定是否更换了。换句话说，如果 a=50，那么你拿到 100 的信封就可以肯定不必换了，这不是因为 1.5a=75，而是因为你知道你拿到的是 2a=100。"

乌斯丽塔低着头想了一会儿。"我承认刚才说的有问题。现在我想好了，按你的计算法，其实根本不必打开信封就知道要换了，因为你拿到信封后就可以假定这个里面的是 a，那么另外一个就是 2a 或者a/2，期望值是：2a×50% +a/2×50% =1.25a，大于手里的 a，所以要交换。可是开始选的时候是任意的，就是说，无论拿到哪一个都会选择交换。"

平奇卡托有些犹豫了："对呀，这时换与不换有什么区别？"

乌斯丽塔有点得意："所以这个选择才是公平的，因为任意选择一个的结果都一样。"

这时，分析员说："如果现在是两个人分别选择一个信封打开，又该如何分析换还是不换呢？"

平奇卡托说："那大概就是两个人相互博弈了，因为换不换不仅取决于一方，还要对方的同意，那么就必须考虑对方同意交换的前提一定是对方认为自己的钱数很少。而对方也会这么认为，那就要看谁的策略更优。具体的现在一时想不出了。"

分析员说："不错不错，这是额外的问题。你们还没决定选什么呢！"

平奇卡托说："还是听乌斯丽塔的吧，我早已落进她的圈套了。"

乌斯丽塔说："那好，我们就走右边吧。"

十一、你不认识你认识的人

你不认识那个人吗？

但他是你的兄弟呀！

——兄弟悖论

艾雷纳为了争取时间选了一条距离较近的路，现在他已经来到关口处了。题目是：

古希腊时期是一个思想家辈出的年代，其中也有一些人热爱辩论。这些人对思想所起的作用远没有对思维方式的探讨贡献大，他们热爱的不是思想本身，而是怎样去思考。

有一天，两个酷爱辩论的人碰到一起，其中一个问另一个："你认识你的兄弟吗?"

"我当然认识我的兄弟了。"

这个人指着一个在远处走的人又问道:"那你认识那个人吗?"

被问的人看了看,说:"我不认识他。"

问话的人哈哈笑着说:"你不是说你认识自己的兄弟吗?"

"那又怎样?"

"你不认识那个人吗? 可他就是你的兄弟呀!"

"但是刚才我看到的那个人戴着面罩,我并不知道他就是我的兄弟。"

现在请你接着这两个人的讨论继续下去。

巡场员说:"你可以先想一会儿,然后按你认为的可能结果解释一下,并最终得出哪个人的观点更有道理。时间是 15 分钟。"

艾雷纳碰到的题总是和别人的不同。

艾雷纳想了几分钟后,开始接着两人的争论说下去了。

问话的人说:"你开始并没说你只认识不戴面罩的兄弟,为什么现在又说因为他戴了面罩你就不认识了?"

"你开始也不是问我,我的兄弟戴了面罩后我还能不能认出他呀!"

"那也就是说,你只认识不戴面罩的兄弟,不认识戴了面罩的兄弟。那么现在我再问你是否认识那个戴面罩的人?"

"当然认识,因为那是我的兄弟。"

"真的认识吗?"

"当然。"

"但是我想告诉你的是,那个人并不是你的兄弟呀! 你将别人认为是你的兄弟,可见你还是不认识你的兄弟。不过按理说你一定是认识自己的兄弟的,所以你不认识你认识的人!"

分析员忍不住插话道："那你认为是问话的人更有道理了？"

艾雷纳说："不是。回答的人还没说完呢！"

分析员说："噢？还有话说？"

回答的人说："你刚才不是也说了吗？我一定认识自己的兄弟的，为什么你认为我一定认识自己的兄弟？"

"难道你连自己的兄弟都不认识吗？"

"你也认为我认识我的兄弟，那又说什么我不认识我认识的人？其实你是在混淆'认识'这个词的用法。"

问话的人反被问住了："我怎么混淆了？"

"其实是否认识一个人并不需要见到他本人，比如你认识自己家的猫，但如果我将它装在一个箱子里面，你还能认出来吗？"

"恐怕不能。"

"可是你怎么会不认识你自己养的猫呢？其实这时你不是不认识它了，而是无法'认出'它。就像刚才那个人因为戴着面罩，不管他是不是我的兄弟，我都无法'认出'他，但这不是说我不认识他，即便他不是我的兄弟也可能是我认识的人，但是我却认不出来。你故意将'认识'与'认出'两个词的含义混淆起来使用。"

问话的人又说："那为什么我说那是你的兄弟时，你又说你认识他了呢？"

"没错，我说过我当然认识我的兄弟。如果那个人真是我的兄弟，即便我没认出他来，我还是认识他的。"

"但其实那个人并不是你的兄弟呀！难道我指着一块石头说，那是你的兄弟，你也说你认识那块石头吗？"

回答的人说："我会说无论那块石头是不是我的兄弟，我都知道自己认识我的兄弟，而不是认识那块石头。

"另外你还犯了一个错误。即便是我的兄弟我也不一定就认识他，如果从小我们就没见过面，我就不会认识他。所以你的两个假定都是有问题的。首先，我不一定认识我的兄弟，所以你假定我一定认识我的兄弟是不对的；其次，如果我认识自己的兄弟，那么无论我是否认出他，我都是认识他的，而不是你说的因为'认不出来'就表示'不认识'。"

艾雷纳说："所以我认为还是被问的人有道理。"

分析员说："你的讨论太精彩了！的确，就像我们有一位很久不见的朋友忽然来访，我们根本认不出他了，但是当知道他就是自己多年的朋友时，我们不会说自己又认识了一位新朋友，因为我们本来就认识他，而不在于一时半会儿是不是能认出来。"

巡场员说："祝贺你，你离出口已经不远了，继续加油吧！"

十二、越"摇"越糊涂

彩票每次摇奖都是独立事件，
那为什么选彩票的人总要参考以前的结果？

——彩票悖论

娜娜自己单独走了以后又过了一关，现在她来到了一个新的关口。

问题是关于彩票的：

彩票的历史由来已久，彩票的种类也很多，我们现在要讨论的是从多个数字里选出几个数字的类型。选号的过程是一个随机事件，至少发行彩票的人依据的是概率统计的原理。

但是现在很多买彩票的人认为其中有规律可循，从概率学的原理来看，每次摇奖都是独立事件，也就是说每次摇奖的结果都与以前的无关，那为什么选彩票的人总要参考以前的结果呢？

你认为这里面到底存在什么问题？谁的依据更合理呢？

巡场员说："这个题目可以选择。如果不想回答可以走右边的门，如果选择回答并通过走中间的门，如果回答而没通过则走左边的门。"

娜娜问巡场员："为什么可以不回答呢？"

"因为这个问题有些人可能不了解，回答起来就会偏离原来的意思。你可以先想一想再决定。"

娜娜最后决定回答这个问题。

娜娜说："这里面应该包含两个角度，一个是发行彩票的考虑，一个是买彩票的打算。"

我只记得娜娜以前问过我一些关于概率的问题，却没想到她敢回答这个令许多人都难以入手的问题。更没想到她居然讲得有条有理。

娜娜认为，发行彩票的一方当然事先要经过认真的计算，中奖概率至少要小于发行成本。其实这个也很好计算，只要代入相关的公式就能得出结果。

如果买彩票的人也同样理性的话，经过计算发现中奖的机会很少，那可能都不会买了。但是买彩票的人之所以采取行动，可能来自他的心里有一个很强烈的愿望。

"不过我认为这里面至少从表面上就存在这样几个问题：第一，如果说获奖的概率很小，这是人人都承认的，但一个人选的号与机器摇出来的号居然能碰巧一致，这样的机会岂不是就更小了？

"第二，为什么出现过的一组号码，再出现的可能性会更小，也就是说摇很多次奖以后，在这些结果中出现重复的可能性恐怕比只出现一次的可能性还小，这又是为什么？如果按照每次摇奖都是独立事件，而不受以前结果的影响，那么就应该可能出现重复的现象呀！

"第三，如果一个数字连续出现多次，人们会倾向于认为这个数最近出现的可能性较大。其实我想结果恰恰相反，因为一个数字不可能长时间连续出现，所以此时应该认为不出现的机会要大一些。

"第四，买彩票的人如果按照每次结果都是独立随机产生的角度来考虑的话，我想这个人就没法选了。要是我也许就会选连续的一组数字，比如从一到六，或者从二到八什么的，但是这时中奖的可能性似乎就要比相互间隔的一组数要小。为什么？按理它们出现的机会不是相同的吗？"

最后娜娜总结道："其实我也不懂，里面一定还有更复杂的问题。不过我想双方都有各自的依据，并没有谁的更合理。如果其中一方更有道理的话，那另一方岂不是肯定要吃亏了？"

分析员这时候给监控室打来了电话，说这些肯定是我给娜娜讲的，非要让我自己去解释。其实我的确觉得里面的有些内容似曾相识，不过我确实没给她讲过什么彩票呀！

这个问题我自己都有些晕，有时候把自己也能绕进去，看来还是学艺不精呀！

幸好……

幸好麦力在这儿，他可是专门研究过彩票问题的。

麦力只好充当一次分析员了。

麦力说："我想先问问，这些想法都是你自己想出来的吗？"

娜娜说："不全是。以前我看过叔叔写的一篇论文，但是里面很多东西不太懂，所以我又根据自己的理解解释的。"

麦力说："嗯，原来是这样，我也觉得在几分钟的时间里不能想出这么多的问题。现在来看你说的几个问题。首先你说一个人选中的号码与机器摇出来的号码一致的机会要比获奖的机会还小，这不对，其实你说的就是一件事。什么是获奖，不就是选出的号码与摇出的号码一致吗？所以它们的概率本来就是同一个，而不是两个，更不会有大有小。另外我想你是想说：一个人获奖的概率要比机器随便摇出一组号的概率要小得多。"

娜娜说："是，应该是这个意思。"

麦力接着说："其实这个想法也不完全正确。这里面涉及的是两个互不影响的概率，一个是机器随便摇出一组号码的概率，这个概率是不变的，并且出现任何一组数字的可能性都是一样的。另一个是买彩票的人的概率。买彩票的人在买之前其实已经排除了相当一部分的可能性，也就是说，其实他们认为的一组号码是否出现的概率与经过计算得到的机器的概率是不一样的。不过两者互不影响，各选各的。因为最终是否中奖只是对买彩票的人来说，这个概率属于买彩票的人。机器只知道摇号。

"接下来你就说到了在具体的结果中会出现的一些问题。的确我们发现在多次摇出的号码中出现重复的可能性很小，但这是合理的。比如说结果有一百万种可能，那么出现其中一种可能的机会是百万分之一。现在我们随便得出了一个可能的结果，当想要再得出这个结果的时候我们的概率会是多少？”

娜娜想了想说："应该还是百万分之一。"

麦力说："没错，这里要确定一点，出现某一组数字的可能性的确很小，但只要摇奖，那么每次必然会出现一组数字。

"你接着又说了一个关于选号技巧上的概率问题。一个号码连续出现后，的确有人会倾向于认为这个号在近期出现的可能性会更大，当然这是不合理的。一个号是否出现每次都是一样的，要么有要么没有，各占 50%，这个可能性不会改变。但是就像你所说，如果一个号已经连续出现多次了，那么下次不出现的可能性反而会更大，这时其实是从另外一个角度来考虑的，即单独考虑一个数字是否出现。假设一个号已经连续出现 50 次了，那么按照概率来看，后面不出现这个数的可能性就会更大一些，当然 50% 并不意味着 100 次里正好出现 50 次，但更不能认为这个号码会一直出现下去。如果是这样，那我就不明白'概率是 50%'说的是什么了。

"最后你说连续的一组数字为什么比间隔的一组数字更难出现，其实没有更难，它们出现的可能性是一样的。"

"但是为什么人们会认为连续的号码更少见呢？"

"大家都会有这样的印象，我也不例外。其实还是刚才说的，如果一组数出现的可能性是百万分之一，那么从一到六这组数出现的概率也是百万分之一，也就是说摇上一百万次还未必出现一次，当然不会经常见到。大家之所以注意到这种类型的号码，是因为它们很好记，很好排除，就像已经出现过的一组号码，大家就倾向于不选它。

"但实际上你说得很对，一个纯理性的人是不会买彩票的，因为每次机会都是微乎其微的。但你开始不是说了吗？'买彩票的人之所以采取行动，可能来自他的心里有一个很强烈的愿望。'理性能帮助人们思考很多很多东西，能帮助人们获得很多很多知识，但是理性不能使人们解决所有的问题，所以生活中还需要感情、梦想甚至冲动等感性的东西，愿望其实是一种很大的力量。"

娜娜又问道："那概率到底是什么？难道现在关于概率的学问就一定是正确的吗？还可能改变吗？"

麦力说："其实概率就是通过大量的统计得来的，也属于经验性的理论。很多结果是归纳得出的，现在当然还不能完全肯定都是正确的，但我们应该尽量排除心理因素对自己做出判断时的影响，而且我相信彩票问题将会是推动概率学发展的一个重要力量。"

"看来我的回答基本都是错的。"

麦力说："虽然你对自己提的问题解释得不准确，但你已经提出了看问题的两个角度，这是很好的认识。发行彩票的一方并不会关注到底是谁猜中彩票，而只关注中奖的概率，那些买彩票的人也不关心中奖的概率，因为这对是否中奖没有任何参考意义。另外，你提的几个问题都很有代表性。爱因斯坦曾经说过这样一句话，提出一个问题远比解决一个问题来得更深刻。因为解决问题只是针对已有的问题作出解释或者回答，而要提出一个问题却要具有创造性和很强的洞察力。不管他们怎么计分，我首先表明我同意娜娜通过这一关。"

娜娜高兴地说："太好了！谢谢麦力先生。"

巡场员此时说："不管我们怎么计分，娜娜的确已经通过这一关了。"

十三、奇妙的数字

两组数字分开时得到一个结论，

合并时却得到了相反的结论。

——辛普森悖论

此时其他几路选手最多的已经通过三关了，也有只遇到两关、一关的。

这时一直保持着三人合作的欧罗克一组又来到了一个关口。

这一关的问题是关于数字的：

从前一个小镇上有两个面包师，他们进行过两次卖面包比赛。

第一次乔治做了 100 个面包，卖出了 70 个，鲍勃做了 50 个卖了 40 个。第二次乔治只做了 40 个卖了 10 个，而鲍勃做了 90 个卖了 27 个。

现在我们来看，乔治第一次卖了面包的 70%，鲍勃则卖了 80%，乔治的出售数小于鲍勃。第二次，乔治卖了 25%，鲍勃卖了 30%，还是乔治小于鲍勃。

但是如果将两次的总数加在一起，则乔治一共做了 140 个，卖了 80 个，鲍勃也做了 140 个，但只卖了 67 个，此时乔治的出售数反而大于鲍勃了。

请问这是怎么回事？

巡场员说："你们从一开始就选择'欲速不达'，接着又选了'大直若屈'的直路，而且三人一直相互合作，看来你们都是踏实做事的人。现在离出口已经不远了，希望你们还能继续配合，完成第一环节的游戏。

这个问题给定的时间是 10 分钟，过关走左边，否则走右边。开始吧。"

特里特说："这是一个与百分数有关的问题，其实矛盾就出现在百分数上。"

欧萝丝说："以前我碰到的问题都是一组百分数，而这个问题涉及两组数字。分开算的时候都大的一方为什么合在一起就变小了呢？"

欧罗克说："百分数的问题一定跟总数有关，我们可以先看一下总数的情况。"

欧萝丝说："但是两个人的总数加起来都是 140，也就说他们的总数是一样的。"

特里特说："这是加起来的时候，但是分开时两次都不同，第一次分别为 100 和 50，第二次分别为 40 和 90。"

欧罗克说："如果我们假设两次的百分比相同，会是什么情况？"

欧萝丝问道："这是什么意思？"

欧罗克说："比如按照鲍勃的百分数，第一次是 80%，如果乔治也是 80%，乔治应该卖出 80 个；第二次鲍勃是 30%，那么乔治就应该卖出 12 个。两次相加，乔治应该卖出 92 个，这时总数还是 140 个，但乔治卖出的比鲍勃更多了。"

特里特说："你说得没错。如果按照鲍勃的百分数计算，结果乔治卖的更多了，那么要是按照乔治的百分数计算，鲍勃卖的一定会更少了。这说明同一个百分数对应的总数不同。"

欧萝丝说："我知道了，你们的意思是说有两个总数。"

欧罗克说："对。因为分开计算时的依据并不是两次的总和，而是两次分别计算的，这时他们的总数是不一样的。"

特里特接着说："乔治第一次的百分比虽然较低为70%，但是此时他的总数是100个；而鲍勃的第一次结果为80%，虽然高于乔治，但总数只有50个，只是乔治的一半，要远远低于乔治的数量。"

欧萝丝说："但是第二次不是正好反过来了吗？鲍勃的比率比乔治的高，而且总数也比乔治的多呀？"

欧罗克说："你还应该注意到，虽然第二次鲍勃的总数多了，但是他的百分率要远低于第一次乔治的70%，只有30%。"

欧萝丝说："我有点明白了。鲍勃第一次的比率高但是总数少，而第二次乔治的比率低但总数也少。"

特里特说："是这样的，这个问题正是利用了这个错觉。这就好像两个人斗智一样，第一次乔治的比率已经达到了70%，鲍勃想要超过他已经很难了，这时鲍勃用小数量高比率获胜；第二次由于乔治的量少比率也低，鲍勃很容易就能超过这个比率，虽然他的大部分面包都没卖出去。"

这时分析员说道："你们分析得很好，这个悖论正是产生在这些数字上。它利用不同大小的几组数字交叉比较，从而令人产生了错觉，认为这些数字里面出了什么问题。其实一点问题都没有，事情本来就是这样的。"

巡场员说："你们已经过关了，离终点已经不远了。请继续吧。"

欧罗克忽然又说："我还有一个想法。"

巡场员说："那你说吧。"

欧罗克说："其实刚才那个问题反过来也是一个悖论。"

分析员问道："你能说得具体一点吗？"

"刚才的悖论说乔治分开时的比率总比鲍勃小，但合并在一起后反而比鲍勃大。我想反过来也可以说，分开时鲍勃的比率都大于乔治，但合并在一起后鲍勃的总数为什么反而少了呢?"

分析员想了一下，说："你的意思我明白了，但是这样说就没有原来的悖论更精致了。因为原悖论说的始终是百分数的大小关系，而没有涉及总数；但你刚才说的里面前两个数据是百分数，最后产生问题的数据却是总数而不是百分数了。

"并且如果将最后的总数改为百分数，那么你仔细想想，其实就是原来的悖论，只不过是将乔治的从小到大改为了鲍勃的从大到小而已。

"不过你能在思考问题时更进一步，而且还能在这么短的时间里想到问题的其他形式，这种精神和态度都是值得大家学习的。"

十四、走出通道

> 另一面说的是错的，
> 另一面说的是对的。
>
> ——扑克牌悖论

时间已经过了大半，各组选手都已接近出口了。

亚斯贝勒斯来到关口处，如果他通过这一关就到了出口，否则还要绕道而行。

题目很简单，就是一张扑克牌。

扑克牌的正面写着："另一面上说的是错的。"亚斯贝勒斯翻过来看到背面写着："另一面上说的是对的。"

巡场员说："现在你要决定哪句话是对的，正面对走右边，背面对走左边。时间为15分钟。"

亚斯贝勒斯盘腿坐在地上，静静地沉思起来。

时间一点一点地过去了，亚斯贝勒斯一直没有说话，时间到了！

分析员问他："你为何没有回答？"

亚斯贝勒斯说："这道题目的答案就是不要回答。"

"为什么？"

"因为这两句话都对，也都不对。"

"噢？"

亚斯贝勒斯说："如果先假定正面的是对的，那就是说背面的话是错的，而背面的如果是错的，它的意思就是'另一面说的不对'，但是最初假定正面的是对的，所以此时产生了矛盾；同样如果假定背面的是对的，那就是说正面的话是对的，正面对的意思是背面的话不对，这又与刚才的假定矛盾。

"因为假定这两句话是对的，结果导致了矛盾，所以这两句话都不对。"

分析员说："既然你得出这两句话都不对，为什么又说它们可以都对呢？"

亚斯贝勒斯说："其实我也很迷惑。因为我开始也这样想，所以迟迟不知如何回答。但后来我发现，如果我们从相反的角度看，结果也正好相反。

"刚才我们是假定正面或者背面的话是对的，现在反过来。

"假定正面的话是错的，那么意思是背面说的是对的，如果背面说的是对的，那么正面就是对的，与假设矛盾；再假定背面是错的，意思是正面说的是错的，那么就是说背面的话又是对的了。

"现在假定这两句话都是错的，结果还是导致了矛盾，所以这两句话都没错。

"这样一来无论认为哪句话是对或是错，结果都会产生矛盾，所以我觉得这个题目的答案应该是'不回答'。"

分析员说："你分析得很好。其实只要任意假定其中的一句话是对或是错，只要不停地循环下去，你刚才说的几个结果就都会翻来覆去地出现。这种循环本身是由这两句话的内容引起的，这道题目也让你真正地接触到了比较严格的悖论。即假设对会推出错，假设错会得出对，其实这就是在推理中常用到的两种方法：归谬法和反证法。不过一般的推理最终会得出自己想要的证明，而悖论得出的却是矛盾。

"这种性质正是悖论所独有的，看来要想彻底解决悖论不能只依靠传统的方法。当然我也不知道有什么办法能最终解决这些悖论，但是我自己认为可能会有一点价值的建议是：也许这个问题的循环在于扑克牌上两句话的内容和推理本身的假设融合在了一起。"

亚斯贝勒斯说："前面你说的意思我都能明白，但是最后说的建议我还是不太明白。"

分析员说："没关系，等游戏结束了，我们可以一起讨论。"

巡场员说："现在你既然没有选择出哪句话是对的，就只好待在原地了！"

亚斯贝勒斯着急地说："那我怎么才能到达出口呢？就算我没过关也该让我走一条路吧，哪怕还要绕很远的路，也不能让我待在这儿不动呀！"

巡场员笑着说："谁说你没过关？"

亚斯贝勒斯一愣："难道这儿就是出口？"

说话间，侧面墙上居然打开了一扇门，原来是电梯。

亚斯贝勒斯走出电梯，穿过一小段走廊，就发现自己已经身处一个小花园里了。

"嗨，我们在这儿！"

亚斯贝勒斯向右边看去，只见艾雷纳和娜娜已经先到了。

亚斯贝勒斯高兴地跑过去："你们早就走完了？"

娜娜指了一下身后的小门，说："我也是刚从这边的门出来。"

"我也出来不久，"艾雷纳说，"他们几个呢？"

亚斯贝勒斯问艾雷纳："你不是和欧罗克他们在一起吗？"

"第二个路口我和他们三个分开走了。你们也都分开了？"

娜娜说："平奇卡托应该还和乌斯丽塔在一起。"

"有平奇卡托应该就没问题了。"

三人正说着，欧罗克、特里特、欧萝丝也来了。欧罗克说："看来还是你们走捷径的快呀！"

"你们也不慢呀，我们也是刚到。"

九个人陆续走出了通道，他们居然都在八小时内通过了第一环节。

巡场员的声音又传来了，"祝贺各位完成了第一环节的游戏，明天你们将继续第二个环节，那时会有新的巡场员和分析员陪伴大家。

"你们这个年龄段能全组通过的到目前为止还不多，我也祝愿你们在后面的环节里表现得更出色。再见！"

乌斯丽塔问道："分析员先生呢？"

"我当然不会忘记跟大家告别。你们的表现真的很棒，有些回答和思考甚至比我们预料的还要出色。

"还要告诉大家一个更好的消息，你们关于特修斯之船的回答被收入了答案数据库，将作为以后的参考答案；乌斯丽塔关于溶液悖论的回答被列为今年最具想象力奖的候选答案，最终结果当然是等到年终评奖时才能揭晓了；欧罗克、特里特和欧萝丝被评为这一环节的最佳合作小组，因为他们在发生争论时仍然坚持团结合作，最终一起通过了通道。

"当然每个人的表现都很好，是否采取小组的形式与个人的性格也有关，并且我还想提醒大家，并不一定总是团体的力量大于个人，这要看面对什么样的挑战了。

"好了，明天你们就要面对新的挑战了。祝你们……顺利？还是祝你们坚强吧！"

为什么分析员先生最后说了一些奇怪的话，而且还祝大家坚强一些？每个孩子似乎都预感到明天的挑战一定更艰巨。

欲速不达

出自《论语》（子路第十三）。中国古人很明白辩证的道理，很多古书里都记载了大量这样的思想。这种探究事物本质的思考所体现出来的"悖论性"也许是启发我们看待事物时的眼光不要太单一了，这也正是中国的思维方式与西方不同的一个特征，中国的悖论观念渗透在日常生活里，而西方的悖论观念则存在于学术当中。

特修斯悖论

又称为特修斯之船（Ship of Theseus）。也是来自希腊的传说。

大直若屈

出自《道德经》——老子唯一的一部书（第四十五章），其中有大量类似的说法。我们熟知的还有"大音希声""大象无形"等。老子的这些言语正是通过"有"与"无"，"大"与"小"等的对比产生出一种新的内涵，这也可能是中国式悖论追求的目标，即通过"似是而非"的语言表现那些普通语言无法描述的思想内涵。

全能悖论（Omnipotence Paradox）

原来的说法是"万能的上帝能否造出一块自己举不动的石头"。这个问题很可能是产生于逻辑的头脑向经院哲学家的刁难。

路径悖论

属于概率学领域，来自一个美国的赌博游戏。从概率学的发展历史来看，赌博始终是一个重大因素。这个问题还可以继续讨论下去，还可以增加很多现实因素，那可能就会变成用数学研究社会学的一个例子了。

溶液悖论

显然是涉及了化学。不过问题的本质不是化学的，而是思维上的。这个说法很可能是源自全能悖论。

乌鸦悖论（Raven Paradox）

又名亨佩尔的乌鸦（Hempel's Ravens）。是由德国逻辑学家卡尔·亨佩尔（Carl Hempel）于 20 世纪 40 年代为了说明归纳法违反直觉而提出的。逻辑学家、哲学家、数学家纷纷对此提出自己的看法和解决办法。

旅游悖论

一种普遍的社会现象，存在于经济达到一定水平后的社会。同样还是一个经济问题、心理学问题，甚至可以看作是一种人生观和人类生存的写照。

双信封悖论

是让人理解概率还是怀疑概率呢？概率学是门有趣的学问。在这个问题中，前提条件有所改变时，问题的研究方法和方向也会产生变化。

兄弟悖论

古希腊论辩，柏拉图在他的著作中多处提到这类辩论。可见西方的理性传统是根深蒂固的，古希腊的辉煌至今仍通过西方思想折射而出。

彩票悖论

概率学领域，同时也是一个社会学的问题。当然单就科学性而言是属于概率学无疑的，可是如果考虑到可能影响社会心理、社会风气，甚至是社会底层人们获得公平机会的精神追求，可能就不单是一个计算问题了。总而言之，彩票在人类社会的存在与发展显然不是来源于可以中奖。

辛普森悖论（Simpson's Paradox）
是一个统计学悖论，1951 年由 E. H. 辛普森提出。

扑克牌悖论
语言悖论的一种形式，与说谎者悖论有些相似，由于流传较广，所以在书中加以讨论。

第十二章

辩论场

一、挑战坚强

第一个不能用少于十个词表示的数是……

——贝里悖论

　　九个孩子追着问我们后面的游戏是什么样的，我告诉他们事先保密。可是他们说又不是透露题目，只是提前知道一下。嘉维勒说："虽然没什么大的影响，但是这样会对其他人不公平。""还有其他人？难道不是我们这一组吗？"我赶紧打断嘉维勒："明天你们不就知道了？今天已经很累了，赶快回去好好休息，准备迎接明天的挑战。"

　　第二天，大家重又回到小花园里，穿过一段小路，面前出现了一个小村庄。到了村口处我们就告别他们去了监控室，九个小选手走向村口边一间较大的屋子，刚到屋门外就听见里面闹哄哄的，里面已经有很多人了。

进屋后等了几分钟，时钟敲了九下。一个声音从传声器里传出："大家早上好，我是这一环节的主持人，欢迎来到辩论场。

"现在在场的各位都是昨天通过'问题通道'的选手，一共是37位。首先要向大家介绍一下这个环节的规则。

"本环节的名称叫作'辩论场'，顾名思义，就是大家相互辩论，采取的是淘汰制。

"第一，辩论分为三人组和两人组，其中有九个三人组和五个两人组。

"第二，三人组中要求其中两人的观点一致，与另一位选手辩论，如果一个人胜出则直接通过这一环节，失败的两人淘汰。

"第三，如果三人组里是两人胜出，则失败的一人淘汰。胜出的两人等待与两人组里的胜出者继续组成三人组辩论；如果此时仍是一个人胜出，则按第二条规定。

"第四，第三条中如果还是两人胜出，则两人还要相互辩论，胜者通过，失败者淘汰。

"第五，两人组的胜出者按第三条进行，失败者淘汰。

"第六，如果最后正巧只剩下两个人，无法组成三人组时，则两人辩论，胜者通过，另一人淘汰。

"第七，每人辩论次数不超过三场。

"大家对规则的理解还有什么问题吗？"

过了一会儿，有人问道："选手参加三人组还是两人组是自己决定还是统一分配？"

主持人说："大家也许在来时已经看到了，顺着来时的小路再向前走就是一个小村庄，其实这个村庄就是我们游乐园专门为这一环节设计的。

"每个屋子里面都放着辩论用的题目，这些屋子分为三人组和两人组。各位首先是自己来决定参加三人组还是两人组，也就是说你们可以自由地选择进到哪一间屋子，但人满后屋门就会自动关闭，后来的人就只能选别的屋子了。如果最后自己还是拿不定主意的话，就以抓阄来决定如何分配剩余的屋子了。

"如果没有其他的问题，大家就可以出去自己选择了。"

九个孩子已经有了感情，此时大家凑在一起，商量到底怎么选择。

如果参加三人组，则一个人面对两个人时的机会和风险都更大一些，因为如果取胜就直接通过，但是如果失败就直接被淘汰。当然难度也更大，因为要面对两个选手；相反，如果是两人的一方，机会和风险都要小一些，因为输的可能性降低了，但是即便赢了也还要再辩论一场，甚至两场。

如果参加两人组，直接面对的只是一位选手，而避免了像三人组中可能出现的以一对二的局面，但是即使胜出还要再经过一次三人组的考验。

不过也有人认为，选择三人组的选手们可能会更强一些，因为越是实力较强的选手就越喜欢挑战，无论是机会还是风险。三人组正好给了这些人一个选择。

其实之所以这样设计选手的分配方案，也是考虑到不同选手的性格各不相同，设计的结果应该能使各种性格的选手都可以选择自己喜爱的组合方式。并且这里面还含有相互博弈的过程，每个人在选择组合方式时，还要考虑其他人的选择心理，最后的选择应该是分析过自身特点，自认为最有利的方式，而不仅仅是按照自己的喜好。

最后九个人为了避免相互碰头，决定在第一次选择时全部分开，至于后面是否还会狭路相逢就不得而知了。

　　亚斯贝勒斯、欧罗克、平奇卡托、特里特、乌斯丽塔决定选择三人组，艾雷纳、欧萝丝、娜娜、维维决定选择两人组。他们分别进入各间小屋，谁也不知道屋里是什么题目，所以就随便选择了。但是娜娜还没走到两人组的屋子时，人已经满了，她只好选择了一个三人组。

　　先来看平奇卡托吧。

　　和平奇卡托一组的两个选手比他大几岁，他们比平奇卡托来得早一点。屋子里有三把椅子和一张桌子，上面有饮料和水果。等他们到齐了，分析员说："'辩论场'里没有巡场员，我是这个'辩论场'的分析员，其实最终的胜负并不取决于我对大家的认可程度，而是由评分组根据各位的思考结果统一决定的。

　　"你们面前的桌子上有三个信封，每人一个，题目就在信封里。看完后自己决定选择正方还是反方。如果先作出选择的两人观点一致，那就组成一方，剩下的一位就自然地成为另一方了。

　　"整个辩论时间是一个半小时，每个人都可以随意辩论，没有时间限制，哪怕你只说一句话，如果能将对方辩倒，也算获胜。当然'辩论场'里的很多题目都不是有固定答案的，所以最终结果还要依据评分组的决定。也就是说，辩论过程中大家的思考比所要说明的结果更重要。

　　"另外，虽然辩论可以提前结束，但是最后胜负的结果要等到一个半小时全部用完才能揭晓，所以希望大家尽量思考周全，不必急于追求辩论结果的输赢。

　　"如果你们没有其他的问题，我们就可以开始了。"

　　三个选手互相看了看，表示可以开始了。

分析员说："好，现在开始。"

平奇卡托打开信封，只见上面写的是英语：

"'one million, one hundred thousand, one hundred and twenty one' can be named by the description：'the first number not nameable in under ten words'。"翻译过来的意思是："一百一十万零一百二十一"能被描述为"第一个不能用少于十个词表示的数"。

平奇卡托数了数，的确，这个数字正好用了十个单词，不过在它之前真的没有更小的数了？"twenty one"（二十一）的前面是"twenty"（二十），然后是……看来再往前就不是十个词了，而是少于十个词。

二、正方——平奇卡托

十几分钟后，另外两位选手都认为这个说法不成立。

平奇卡托一愣，为什么不成立？这个数的确是能用十个词表示的第一个数呀，难道说这个数字还能用更少的词表达？不对，如果可以用更少的词来表达，就不会是"用十个词表示的第一个数"了！

分析员说道："好了，现在已经有两位选手选择了相同的观点，那么剩下的选手就只能选择与他们相反的观点了。也就是认为这个说法是成立的。"

平奇卡托想，我的确是认为这个说法成立，但是为什么他们俩都会选择不成立呢？难道还有什么是我没发现的？

分析员说："现在三位选手都可以发言了。当然你们也可以自己商量是否还要等一会儿，或者再想想。"

另两位选手一起商量了一会儿，其中一位说："我们可以先将我们想法的大意说一下。我们首先看到这个数字的确正好是用了十个词，如果不算上标点符号的话，因为在这里说的是数字当然不会计算标点。而且比这个数再小一点的数也确实不必用十个词了。"

平奇卡托想，没错呀，你们不也是这样认为的吗？

那位选手接着说："但是我们想想，我们是怎么知道这个数是第一个不能用少于十个词来表示的数呢？

"因为是后面那句话指出的，并且我们一一验证，发现的确如此。也就是说这个数字正好是后面那句话描述的，我们再仔细一点就可以发现，后面这句话一共用了九个词，问题的关键就在这儿了。

"实际上我们用九个词就能表达这个数了，而不是十个。"

平奇卡托的脑袋一蒙，对呀，我为什么就没想到呢？前面的十个词虽然是直接说出了这个数，但是后面的一句话不也是描述的这个数吗？而这句话——他又低头看了看手里的题目——可不正是九个词吗？现在该怎么办？他们已经说出了这个关键之处，现在我只能站在与他们相反的观点上辩论，如果输了，我将被淘汰，只有十几分钟的时间，我就处于这样的境地了。一定要冷静，平奇卡托，一定要冷静，他不停地告诉自己。

时间一点点地流逝，平奇卡托始终不能冷静下来，因为他也相信对方的观点是对的。他强迫自己想象对方可能的错误，后面这句话虽然是九个词，但是它所指的是不是唯一的一个数呢？——就是上面说的这个数——是不是唯一的？

"一百一十万零一百二十一，"平奇卡托一边说一边掰着手指数，

"一百一十万零一百二十一，不对，怎么变成十一个字了？再数一遍，没错，是十一个字呀！这是怎么回事？一百一十万……噢，现在用的不是英语了，为什么不用英语这句话就不一样了？

"那后面的一句呢？如果是'第一个不能用少于十个词表示的数'，那么就变成十五个字了！可是如果仅限于英语呢？岂不是仍然成立吗？

"但是如果成立那么后面这句话本身就有问题，因为这个数就不再是第一个必须用十个或以上的词来表示的数了，而是九个词，所以这句话本身就不对了。

"可是我现在是站在正方，我必须说明其中没有问题才行呀！"

对方的两人还等着平奇卡托说出自己的观点后再辩论呢，可是他们哪知道平奇卡托正不停地与自己辩论呢！时间已经过了大约四十分钟了，对方的两人也开始着急了，因为他们知道如果只是等待，对自己并不利，因为在等待时，思维总在前面的论点上徘徊，思考问题反而不够活跃了，所以他们不能一味地等待。

刚才没有发言的选手说："不知道正方已经思考得怎么样了，难道也与我们持一样的观点？但是我觉得既然这个题目被放在'辩论场'里，自然有争论的余地。不知正方的选手是否已经有了新的角度，其实我们可以一边讨论一边厘清自己的想法，我们的观点也只是一种看法，其中可能出现的错误往往是对手比我们自己看得更清楚。"

平奇卡托抬头看了看对手，笑了一下，笑容里充满了喜悦和信心，难道他想到了什么？

他说："请问，两位认为这个说法不成立的理由只有刚才说过的吗？我想知道现在你们还有别的补充没有？"

两位选手互相看看对方，刚才他们已经商量过了，认为刚才的观点已经很明确了，就等着对手说出不对的地方再加以攻击。可是他们没想到对手会问他们这么一个问题，这样问的意思好像是说平奇卡托比他们自己先发现了更多支持反方的理由，而他们的确还没有新的发现。令这两位选手感到更加紧张的是，对面的平奇卡托似乎不仅准备好了应对刚才的论证，而且就连他们尚未发现的新证据也已经被一网打尽了。

平奇卡托大概也没想到，就这么一句问话，刚才的局面一下子倒转过来了，对方两位选手这时又低声议论起来。

大约十分钟后，他们说没什么补充的了。

平奇卡托说："好，现在我先帮你们补充一点。你们刚才已经说过了，后面的一句话只用了九个词而不是十个词，这没错。但是我们可以再进一步想一下，这时这句话本身已经出了问题。既然已经可以用九个词来表示了，但它的内容却还是说至少是十个词，也就是说这句话不仅否定了前面的一串数字的个数，而且恰好又与本身的内容相矛盾。

"此时这句话应该改成 'the first number not nameable in under nine words（九个词）'，当然我们知道如果经这么一改，倒是与句子的内容一致了，不过又与前面的 'one million, one hundred thousand, one hundred and twenty one' 联系不上了。

"所以我认为站在你们的角度来说，这个问题不成立的理由应该加上这一条。"

对方选手愣了一小会儿："的确，我们承认你说得很有道理。但是你现在应该是站在与我们相反的立场，而不是证明我们的观点。"

平奇卡托有条不紊地说："我接下来就要阐述自己的观点了。

"首先我声明一下自己的观点，即我认为这个问题的说法是成立的。

"我想通过两个角度或者说是两个方法来论证我的观点。

"第一，我思考了一个问题，'人是什么'。自古以来有各种说法，什么会说话的动物、会思考的动物、两条走路的动物，等等。但我想无论各种描述是否准确或者是否真的就是真理，有一点是明确的，那就是对这个问题的'回答'或者'描述'并不是'人'。

"现在我想请问，'one million, one hundred thousand, one hundred and twenty one'是什么？"

"当然是个数字。"

"没错，是个数字。但是刚才我们一直争论的那句话却是对这个数字的描述，我的意思是说这个描述不是数字本身。所以这个说法并没错，因为这个数字的确是由十个词组成的，而不是九个。"

"但是后面九个词的句子的确就是唯一地表示出了这个数字呀！"

"没错，我也承认它表示出了这个数，但是我重复一遍我的意思，描述并不是数字本身。我们可以假设'人是会说话的动物'，但这个回答并不是'人'本身，即便人是唯一的会说话的动物，那么'会说话的动物'也只是对人的描述而不是'人'。所以我们也可以说，后面的九个词是对前面十个词表达的数字的描述，但不是'数字'本身，所以不能认为后面的'九个词'就是这个数字。"

对方两位选手又讨论了一会儿，还是表示不明白。

平奇卡托也不知道是自己没说明白还是他们假装不明白，于是接着说："我下面要说的第二种办法可能是有点取巧了，不过至少也是一种解释，我说出来请大家讨论吧。这个想法不是从正面确认的，也不是从反面反驳的，而是消除了这个问题。

"不知道两位注意到没有？这个题目是用英语说明的，如果把英语翻译成我们的说法或者其他的语言，结果可以发现这个结论就不存在了，也就是说如果换成别的语言，这个悖论就不存在了。"

"这时候我们既不能承认也不能反对，因为此时这个问题已经变得不再具有原来的意义了。"

"你这个说法我们倒是明白了，但是我们相信即便换成别的语言仍然存在是否成立的问题，比如我们说'一百一十万零一百二十一'可以被描述为'第一个不能用少于十个词表示的数'，结果发现不对，那就是说这个说法不成立，怎么能说问题不存在呢？"

平奇卡托说："如果这样说，当然是不成立。但至少我们应该将'第一个不能用少于十个词表示的数'改一下，改成'第一个不能用少于十一个字表示的数'，因为在我们的语言里这个数字的确是'十一个字'而不是'十个词'，并且按照两位的意思这个说法正好成立，因为现在后一句话变成了'十六个字'而不是'十个字'了。

"但是我的意思还是前面说过的，当语言改变了以后，现在这个问题的原有意义已经不复存在了。我们也没有争论下去的必要了。

"我想我的观点已经表达完了，如果两位还有什么说的可以继续。"

时间快到了，对方两位选手翻来覆去又说了一会儿，但是说的也还是原来的意思。双方同意停止辩论，但还有一点时间。

喝点茶等会吧。

三、数学还是几何

一厘米的线段与两厘米的线段是否一样长？

——无穷悖论

趁这一组在休息，我们回顾一下亚斯贝勒斯的辩论吧。

亚斯贝勒斯走进的屋子与平奇卡托见到的类似，但不同的是当他打开信封时的第一反应是，我要放弃主动。

他的理由其实在平奇卡托一组已经碰到了。亚斯贝勒斯认为，这里面的题目一定是正反方都能找到论证的理由，而且可能并没有固定的答案，即便有答案，最终的思考过程将是胜出的主要依据，所以将主动让出的好处在于：我不得不把更多的时间和精力花在思考上，这可能就是所谓的"置之死地而后生"吧。

亚斯贝勒斯进一步决定当双方已经选定了各自的观点后，他将主动选择等待，而不是积极陈述自己的观点，即便已经胸有成竹，因为先提出自己观点的人在等待对方回答时的思维活动会减少。而在整个过程之中等待的时间越长，思考的时间就越少，而反对的一方却要不停地思考怎样反驳已经提出的观点，思维活动反而会更强，这大概就是所谓的"养精蓄锐"吧。

题目很简单：

一厘米的线段与两厘米的线段是否一样长？

大约十分钟后，一位选手说："我认为一样长。"

亚斯贝勒斯希望另一位选手也选择这个回答，因为他对自己充满了信心。

但是令亚斯贝勒斯没想到的是，另一个选手迟迟不作选择，好像在等着他……也许这就是所谓的"英雄所见略同"吧。

时间已过去了近半个小时，他们两人还在等待对方先作出选择。分析员都有点耐不住性子了，提醒道："时间已过半个小时，还剩下一个小时！"

亚斯贝勒斯想，也许他已经抱定与我僵持下去的想法了，这可能是对我们的耐心的考验。可是我不想这样等下去，或许我选的未必是他要选的。另外，难道他不怕我也选择正方的观点吗？那样他岂不是还要一个人面对我们两人吗？或者他也想以一对二？但是如果我先选了反方，他岂不是只能选择和其中一方合作了吗？他到底打算怎样？

又过去了十分钟。

亚斯贝勒斯决定不再等了。"我认为它们不一样长，两厘米的线段比一厘米的长。"

剩下的那位选手也说道："我也认为不一样长。"从他的回答看，他似乎一直在等着亚斯贝勒斯。

分析员终于舒了口气："现在双方可以阐述自己的观点了。"

选择正方的选手可能早已等得不耐烦了："我的观点是它们一样长。这道题主要是想考察无穷的概念，即线段上的无穷多个点。一厘米的线段上的点直觉上似乎比两厘米的线段上的点要少，但是其实它们都包含有无穷多个点。也就是说如果我们在一厘米线段上找到一个点，相应的就能在两厘米线段上对应地找到一个点，我们可以发现这两条线段上的点始终可以做到一一对应。那么它们自然是一样长了。"

亚斯贝勒斯的合作者说："你怎么能保证它们上面的点一定是一一对应的？既然两厘米比一厘米多出一倍来，我倒认为在一厘米的线上找到一个点，我就能在两厘米的线上找到两个点与其对应，并且最终仍然可以做到一个点与一对点之间相互对应。此时难道还会是一样长吗？"

正方的选手说："我想提醒对方注意，并想请教一下，你刚才说'既然两厘米比一厘米多出一倍来'，这个结论是谁给定的？如果已经假定两厘米比一厘米多出一倍来，那这道题还需要我们在这争论吗？这不是等于已经说了它们不一样长，还要我们再讨论是否一样长吗？其实你事先就将结论当成了前提，那么无论怎么说最后当然都能得出这个结论了，因为你的结论就是前提。"

反方的这位选手接着说："可以，我现在就将这个前提去掉。但是我前面说的一个点与一对点之间可以相互对应，这点没错吧？也就是说最终我们还是能在两厘米的线上找到一厘米线上两倍的点，两倍的点意味着什么？难道还不明显吗？"

正方选手说："你说得没错，但是我觉得你还没搞明白什么是无穷。的确，我们在一厘米线上每找到一个点就可以在两厘米的线上找到两个点与这个点对应，但是我还想说明一下，其实不只是可以找到两个点与这个点对应，还可以找到三个点、四个点、五个点……只要是有限多个点都可以相互对应，按你的道理就是说两厘米的线段可以是一厘米的线段的两倍、三倍、四倍、五倍……这还是你说的两厘米的线段吗？"

"可是你说一个点与三个、四个、五个点甚至更多的点都能相互对应，这怎么可能？"

正方说："看来我还要先讲讲关于无穷的一些知识了。你知道偶数吗？"

"当然知道。"

"偶数是不是全体自然数的一部分？"

"当然是。"

"那好，全体自然数是有限的吗？"

"不是，是无穷的。"

"好，现在我们有两个数字的序列，一个是从一开始的：1、2、3、4、5、6、7、8、9、10……另一个是：2、4、6、8、10……请问哪个序列的数更多？"

"因为后一个序列都是偶数，只是第一个序列的一部分，自然是第一个更多。"

正方选手不厌其烦地讲解着："但是当我们再仔细看一下就能发现，第二个序列其实是第一个数列的每个数乘以 2 得到的，也就是说，第一个序列每出现一个数字，第二个序列就能得出一个相应的数。那么我们想象一下结果会怎样？其实是一样多的！但是就像你说的，偶数只是自然数的一部分，或者按直觉我们可以说只有自然数的一半，那么现在的问题就成了为什么自然数的一部分和全体自然数所含的数字一样多呢？

"其实这没什么奇怪，我们的直觉用有限来衡量无限，当然就会出现错觉了。这种部分与全体等同的性质正是无穷区别于有限的性质。

"现在不知你是否明白我刚才说的关于线段的意思了，因为两条线段上的点都是无穷多个，所以它们无论怎么取，像你说的以一个点对两个点，还是一个点对应更多的点，它们的意思都是一样的。

"也就是说无穷只有一个，不可能有什么大无穷，或者什么小无穷之分。"

那位选手被说得心服口服："的确，如果是这样来解释，那无论多长的线段，只要上面的点是无穷多个那它们就都能相互对应，结果岂不成了所有包含无穷多个点的线全都相等了？这也太不符合事实了！"

亚斯贝勒斯在他们争论时一直试图找到可以击破对方的理由，但令他心烦意乱的是，出人预料的正反方的选择一开始就给他带来了额外的压力。现在令他烦恼的是，这个把自己逼得内心狼狈的同盟者怎么什么都不知道就跟着他选了反方。他开始怀疑也许是自己多心了，可能这个选手从一开始就在考虑两条线段不一样长的证据，只是想的时间比较长而已。那位选手大概对这个论题实在不熟悉，因为能通过第一环节的参与者不会毫无辩论能力。

不过也好，他们这么一争论，虽然自己的同盟说不出个所以然来，但是毕竟现在他也已经明白对方用来论证自己观点的理由了，他要努力做的就是反驳这些理由。

亚斯贝勒斯沿着刚才两位选手的争论想，如果利用无穷的观点来看，的确会出现刚才我这位同盟说的情况，这也是没错，对方不也解释了吗，"无穷只有一个"。但是难道这个问题只能用无穷的观点来看吗？对手在这儿使用的显然是数学上的"无穷"概念，可是这个问题难道只能是一个数学问题？现在换一个角度思考，这个问题如果还可以解释成别的问题，是否就不是这个结论了？

其实这里面没出现必须用点与点相对应才能解释的要求，而只是问长短，长短是一个数学概念吗？好像不是！如果长短是从现实的物理世界中抽象出来的概念，那也只能是几何概念而不是数学概念。嗯，有理！

时间只剩下不到半个小时了。

亚斯贝勒斯终于说话了："如果我们只是沿着刚才的争论，那么结果正如我这位盟友所说的，所有的线都可以是一样长的。但这不符合我们的经验，虽然我们的经验并不总是对的，但我认为在这个问题里还不是讨论经验是否对错的时候。"

对方说："没错，我本来也没争论经验的问题，只是说无穷的性质与日常经验到的感觉不符。"

亚斯贝勒斯说："你刚才用来解释观点的依据是'无穷'这个概念，而且是在数学意义上使用的，我这样理解没错吧？"

"没错。"

"但是我认为这个问题不一定像你说的是一个数学问题，其实我认为它是一个几何问题，所以不能用数学概念来解释。"

正方说:"那我也想提醒一下,别忘了笛卡尔。在他之前数学与几何可能的确可以算是两个分开的领域,但是笛卡尔却将它们连为一体了,几何问题从此可以转换为数学问题了。"

亚斯贝勒斯说:"但我还想补充一点,并不是所有的几何问题都能够转换成数学问题加以解决,如果真是这样,也许就没有几何了。更何况虽然几何上的一些问题可以转换成数学问题,但是它们仍然使用着不同的概念,用数学解决几何问题只是一个方法、手段,在这里数学只是一个工具,数学工具并不能代表几何的本性。

"我认为我们争论的问题里的'长短'就是一个几何概念,而不是数学概念。也就是说长短是一个'度量'的问题而不是你说的'无穷'的问题。

"既然人类可以度量出两条线段的长度,当然也说明它们在长度上是不一样的,否则我们就没必要说'一厘米'和'两厘米'了。

"相反,如果按照你的逻辑,狗的身上有无数多点,猫的身上有无数多点,所以所有的狗与所有的猫都一样大。你相信吗?"

正方说:"你说的也有道理。但是无论长短,线段是不是都由点组成?既然所有的点都能一一对应,我们为什么一定要坚持说它们有长有短呢?"

亚斯贝勒斯说:"不是我们一定要坚持这样说,而是它们本来就有长有短。你始终想用数学概念来解释几何性质,这样当然就可能产生奇怪的结论。"

……

他们正争论得激烈,分析员说:"时间已到,大家可以停止争论了。"

可是正方的选手说:"'辩论场'的游戏结束了,但我们还可以继续讨论嘛!"

分析员说:"这也是我们希望的。不过现在还是先请大家休息一会儿,等这一关的结果出来后,你们可以再继续,好吗?"

四、三种结果

评分小组的原则是:根据每个人的思考值,如果三人组中单人的一方所测的结果等于或大于两人一方总和的三分之二,就算单人胜出,相反低于三分之二时两人一方胜出;两人组就比较简单了,值高的胜出。

时间到了,平奇卡托一组的分析员说:"本组双方表现都非常好,反方能在很短的时间里找出问题的所在,说明两位选手的思维非常敏捷,并且在作出决定时表现得也很果断,这些优点是值得正方选手学习的。

"正方的选手经过深思熟虑,不仅最终详细地论述了自己的观点,而且首先能站在对方的角度进一步思考这个问题可能产生的根源,并将这个问题隐含的更深的悖论含义揭示出来,这些都是反方两位选手没有做到的。

"其实在辩论中,我们希望每位选手无论站在正方还是反方,都应该能想到对手可能用到的辩解理由,并针对这些理由作出进一步的思考,而不要在对手提出后,才发现对方思考问题的角度自己先前根本没有预料到，这样很容易陷入被动，此时即便积极思考，但是思路也容易变得混乱。

"希望各位选手能从这个游戏中得到更多的收获。

"评分组最后给出的结果是：正方胜出，并通过这一环节的考验。

"下一阶段的游戏要等到明天才能开始，因为有些选手要经过不止一次的辩论。"

亚斯贝勒斯一组的分析员说："一开始我看大家都在等待，本以为后来的争论会很简洁，因为大家一定都准备好了一招必杀技，没想到争论持续到了最后一分钟。可见大家的思考是充分的、详尽的。

"正方抽象思维的能力显然很强，对问题的思考始终给人一种深刻、思辨的震动，而反方的亚斯贝勒斯在对问题本质的思考上更胜一筹，因为他能敏锐地抓住这个题目字面所反映出的字词背后的问题，并很清晰地分辨出这些概念可能存在的不同领域，从而通过不同领域的性质加以解释，这种思考角度的创新性令我大开眼界。

"唯一令人遗憾的是，反方的桑普士从一开始就对自己所选的观点不清不楚，到后来不但不坚持给自己的观点找论证的办法，反而认为对方的观点更正确。当然这个问题并没有说哪个观点是正确的、哪个是错误的，但是既然已经花了很长时间决定的观点，怎么会没有充分的理由来支持呢？

"评分组给的最后结果是：由于正方的分数以微弱的劣势低于胜出的标准，所以结果是反方两位选手胜出。

"胜出的两位选手还要等待两人组中的一个胜出者组成小组继续辩论。"

经过第一轮的辩论，九个孩子里平奇卡托、欧罗克已通过这一环节，亚斯贝勒斯、艾雷纳、娜娜、维维还要进行一次辩论，乌斯丽塔、特里特、欧萝丝被淘汰。

五、谁对谁错

"这句话是错的"这句话是对是错？

——语言悖论

现在维维开始了第二次辩论。维维与一个男孩、一个女孩组成了新的辩论组。

他们遇到的题目是：

"这句话是错的"这句话是对是错？

没头没脑的一句话本来是无所谓对错的，因为我们不知道这句话所指的是什么，所以也就不知道应该依据什么来判断它是对是错。但是这个问题就是要求判断一句话的对错，怎么办？

三个选手都陷入沉思，偶尔从屋外传来几声小鸟的叫声，或是有人走动的声音。近半小时之后，男孩说："这句话根本无法判断出对错来！"

分析员说："你说的也许有道理，但是你们必须选择自己的立场，并为自己的观点找到辩护的理由，因为这一环节的目的并不是为了给出各种问题的准确答案，而是'辩论场'，是大家相互辩论的场所。更何况如果要求给出准确的答案岂不是更难吗？"

男孩说："那好吧，我认为这句话是对的。"

另一个女孩选择了反方，现在就等维维了，维维可没有像亚斯贝勒斯那么多的想法和打算，她只是难以决定到底选哪一方而已。

因为这句话如果说是对的，那就等于是说这句话是错的，相互矛盾；如果是错的，反而又是对的，还是矛盾。可能就像分析员说的那样，没有答案也要找出合理的解释来，可是这样的问题却又要求一定选择一方，那么最后的解释还可能是合理的吗？难道不会变成狡辩？维维迟迟拿不定主意。

如果抛开这句话的内容，也许……

维维终于决定了："我选择正方。"

分析员说："好，现在双方可以阐述、论证自己的观点了。"

男孩先说道："我开始假设这句话是对的，但是如果它是对的，就得出它是错的，反过来也一样，假设与最后的结果总是互相矛盾。但是我考虑到这仅仅是一句话，没有前言也没有后语，也没有这句话的环境和上下文，单从内容上无法说清楚，但作为一个独立的句子我想不出它是错的理由。所以我选择它是对的。"

对方的女孩说："正如你所说的，你不能找出这句话错误的理由，难道你可以找到正确的理由？"

"因为这句话没有上下文，我们不知道它的具体所指，也就是说我们不知道这句话里的'这句话'指的是哪句话，只有'这句话'指的是它自身时才会出现矛盾，除此之外这句话就不会产生矛盾。如果一定要选择一方观点的话，我当然倾向于它是对的。听你的意思，难道你找到了错误的理由？"

反方的女孩说："不错，只有这句话指的是自身时才会出现矛盾，而且你也说了这里没有上下文，既然作为问题提出来，这句话就只能是指自身而言的，那么就必然会产生矛盾。我认为这句话之所以是错的，原因就在于这句话的矛盾。既然我们发现这句话无论是对还是错都必然地导致出现相反的结论，那么这句话还具有存在的意义吗？也就是说还可以作为我们使用的语言存在吗？日常中，我们当然不会说出这样前后矛盾的话，即便说了也不具有任何意义，所以这句话不可能是对的。"

正方的男孩说："没有意义难道就是错误吗？"

"至少我不认为没意义的会是对的。"

维维此时说："现在我们争论的都是关于这句话的内容可能带来的矛盾，但是我在想这个问题也许还有另外一层意思。我们要回答的问题并不是'回答这个问题可能带来的矛盾'，而是'这句话是错的'是对还是错。所以我们的讨论应该不涉及这句话的内容，不管句子的内容是什么，这句话作为我们谈论的对象始终都应该是一个整体，而不是与我们对问题的回答混淆在一起。"

男孩说："你的意思是不是说，即便我们选择正方，也不能说明我们承认这句话的内容就是对的？但是如果是这样，我们又凭什么选择正方而不是反方呢？"

反方的女孩说："不错，如果是这样，我岂不是也没有理由一定要选反方了吗？"

维维说："首先我觉得无论我们是否能确定它是对还是错，这句话的内容都不应该与我们的选择混淆在一起。虽然我说不太清楚，但是这句话与我们说的话应该是在两个层面上，因为我们讨论时所说的话的内容正好就是完整的一句话。"

看着另外两人还是不太明白，维维想了想又说："比如昨天我指着一本书上的一句话说'这句话是错的'，而要判断昨天我说的这句话是对还是错就要看那句话本来是对还是错，如果书上的话是对的，那我说的话就是错的，要是书上的是错的，那我说的就是对的。

"所以我觉得这句话的内容不可能指的是自身，所以无论怎么回答都不会产生矛盾。既然如此，岂不是正好证明这句话是对的嘛！"

这三位选手的确有点意思，一个认为无从判断，一个认为引起矛盾所以错误，还有一个认为不可能引起矛盾所以正确。

时间到了，三个人直到最后还是没能完全明了各自的意思。

分析员最后说："其实你们的想法有相通的地方，但三个人又采取了不同的分析角度，所以导致结果也不同。

"列文认为这句话的对错根本无法确定，这也是有道理的，因为语言不可能只是一句毫无根据的话。但正如洁丽所说，这里既然作为问题提出来自然应该考虑更多的可能，由此洁丽得出既然无论如何都会产生矛盾，自然只能是错了。可是维维的想法却相反，既然一句话已经作为讨论对象了，它的内容就不应该'越级'，所以无论怎么回答都不会有矛盾。

"其实我个人认为这个问题对几位选手来说的确太难了，实际上即便是专家们也不能给出一个大家都能接受的确定的回答。

"你们的回答其实已经基本包括了回答这个问题的几个不同的角度，即情景语言（列文）、意义理论（洁丽）、语言分层（维维）。应该说你们的表现都是相当出色的，不仅是我，就连评分组的评委们都对你们的回答大加夸奖。

"但既然是'辩论场'，势必有输赢。还好我们来这里参加游戏的目的本来就不是为了过关，而是增进自己的思维能力，所以无论如何，这个目的大家都已经达到了，而且以后还有再来的机会，到时的题目肯定又有变化了。

"评分组的结果是：由于三人的结果基本接近，但根据三人组的胜出标准，反方未达到胜出对方两人的标准线，所以最后是正方胜出。

"正方两位选手还要在休息后继续你们之间的一场辩论。"

六、下雨了吗？

外边在下雨，但我不相信外边在下雨。

——摩尔悖论

桑普士又一次选择与亚斯贝勒斯相同的观点，并且他们又一次胜出，看来这个桑普士倒是一位"伯乐"，他很看重亚斯贝勒斯的才华，可是这个桑普士难道就没想到他最终不得不单独面对亚斯贝勒斯吗？

艾雷纳和维维还在等待下一轮辩论。娜娜已经在这一轮中胜出，现在我们先来回顾一下娜娜遇到的问题。

题目是：

从前有个叫摩尔的人，他总爱说些奇怪的话。有一天摩尔到朋友家中参加一个聚会，大家刚到不久外边就下起了雨，摩尔看了看外边的雨，说："外边在下雨，但我不相信外边在下雨。"

你认为摩尔的说法成立吗？

另外两位选手先选择了不成立，娜娜只好选择正方了。

反方选手认为:"既然摩尔已经看到外边在下雨了,他还说自己不相信这件事,当然不对。这只能说明摩尔喜欢说些惊人之语。"

娜娜说:"那不一定。如果是我见到一件事,虽然我的确见到了,但我仍然可以说我不相信,就是平时说的一句话'眼见未必如实'。"

"你说的是未必如实,意思就是亲眼见到的也可能是假的,所以就不一定要相信,这当然没错。但是问题里说摩尔看见外边下雨了,也就是说下雨是真实的,不是假的,下雨已经是确定的了,而这时摩尔说他不相信外边在下雨,这当然是错了。"

"你们的意思是说真实的就一定要相信。但真理就不是人人都相信的,难道你们就可以说真理是错的吗?"

反方说:"那是因为不相信真理的人没有认识到,他们以为那不是真的,如果他们认为某个'真理'是真的,却还不愿相信,那才是这个问题想要说的。"

娜娜问道:"为什么是真的就一定要相信?我倒觉得'真假'对一个人来说只是知不知道的问题,而不是相不相信的问题。我知道外边在下雨,但我可以不相信。

"我们可以换一种情景:当我知道外边下雨时,就把这件事告诉另一个人,但是这个人却不相信,于是我就说'外边在下雨,但他不相信',难道这样说有什么不行吗?"

反方两位选手商量了一会儿,说:"不对。这里面还存在一个问题,那个人说他不相信是因为他没看见外边下雨,如果他也已经知道了外边在下雨,还说自己不相信,才是刚才我们说的问题。其实你的例子已经不是我们在争论的问题了。"

娜娜说:"即便这个人知道外边在下雨,我也可以说'他不相信',如果这不符合事实也只能说明我说了一句谎话或者是故意开的玩笑,但并不能说这句话就不成立呀！

"所以我还是想再强调一下，知道一件事是一回事，相信一件事又是另一回事。你们的观点认为，一个人如果知道了一件事，那他就一定要相信这件事，这又是什么道理？"

反方问道："那你所说的'知道'是什么意思，'相信'又是什么意思？难道它们之间没有任何关系吗？"

娜娜说："它们之间的确有联系，但是区别也很大。知道某事但未必相信，并且一个人自认为的知道是根本无法证明的；而相信某事首先要知道而且还确信自己知道的是对的。"

反方抢着说道："好，现在先不说你的说法是否正确。既然你说'相信'就说明一定知道，而且还确信自己知道的是对的，那么摩尔说他不相信外边在下雨，岂不是说他知道外边没下雨，并且确信自己的知道是对的吗？但是他明明已经看到了外边在下雨，也就是说他知道外边在下雨，而不是没下雨，那他又接着确信自己的错误的知道，可是你刚才说只有确信自己的知道是对的才是相信呀！所以按照你的解释，摩尔的说法恰恰是无法成立的。"

娜娜说："你们只想明白了我说的前一半，但是还有后一半呢！你们首先假定了摩尔已经知道'外边在下雨'这件事，可是你们怎么知道摩尔是不是知道了？我刚才不是也说了吗，一个人说知道一件事时是无法证明的。在这个例子里，摩尔传达给我们的意思是'我知道外边没在下雨，并且确信自己知道'。摩尔知道外边没下雨可能来自很多原因，只是我们无法知道。

"我们能做的事就是证明摩尔的'相信'是不是对的。当我们发现外边的确在下雨时，我们就可以说'摩尔，你说得不对'，但是摩尔的说法还是可以成立的。只是说得不对而已。"

反方说："但他说的前半句却是'外边在下雨'，然后才说'我不相信'，也就是说他已经知道了'外边在下雨'，而不是我们的假定。"

娜娜说："摩尔只是说'外边在下雨'，但并没说自己'知道外边在下雨'，而别人只能根据他说的'我不相信下雨'才能知道他的意思是：他确信自己知道外边没有下雨。"

我个人认为几位选手的表现实在是很出色，这道题目的确有些难为他们了。

时间到了，他们的争论似乎越来越抽象了。

分析员说："这个问题的确涉及很多词语的分析。正方的选手在这方面表现得非常突出，虽然我们并不能肯定她对这些词语的分析是否准确，但是她能在辩论中想到这些问题就已经体现了很强的思维能力。

"反方的两位选手也很不错，始终能够抓住对方阐述中的相关概念，并时时联系问题本身，保持自己一方的论述不至于被对方搅乱，并能很好地利用对方论述中可能出现的漏洞加以反问。但是在对问题的深入上显得不如正方选手更积极、深刻。

"最后结果还要再等一会儿才能得出，请三位选手稍等。"

由于评分组发现结果距标准线很接近，大家在争论到底该怎么判断结果，因为考虑到如果不是时间限制，选手们的辩论还可能继续，那么结果很可能改变，并且现在娜娜的结果刚好是另两位选手的三分之二。按规定是娜娜胜……

分析员说："趁现在有点时间，我也想和你们交流一下我自己的看法。

"我认为摩尔的说法确实存在一些问题，其中除了如何理解一些常见的词语之外，如正方提到的'相信'还有后来她强调的'知道'等，另外还涉及语言的性质问题，我觉得反方不断想强调的可能就是这一点。语言是自己的，还是社会的；一个人说出来的话，是让别人明白的，还是自己随意进行的组合；语言是不是为了交流……

"正方找到的理由似乎是在强调'私人语言'是可以存在的，就好像是说一个人可以说任何别人都听不懂的话，但这些话还依然能够成立；反方好像认为这种语言不能成立，毕竟有一个外在的事实作为基础，而这个基础并不是一个人可以任意改变的或是随意违背的。

"好了，最后的结果已经出来了：正方胜。但评分组决定，给另两位选手增加一次机会，即反方的两位选手相互之间再进行一轮辩论。

"祝贺你们，同时也希望你们在后面的游戏里表现得更加出色。"

七、不真实的故事

如果你已经想要服下毒药，
但不用真的服下去……

——毒药悖论

艾雷纳终于等到了在"辩论场"里的最后一场辩论。

两位选手先看了一个故事。

一个古怪的百万富翁提出一个奇怪的问题：

有一种毒药可以令人很快致死。现在做一个心理实验，如果你从今天午夜开始直到明天中午这个阶段能够做到彻底想要服下这种毒药，我将给你一百万美元。并且你不必真的服下去，你所要做的全部事情就是彻底地试图服下这种毒药。你的意识将通过一个百分之百准确的设备测量到。如果你的这种意识在午夜被确定已经出现，一百万美元将打入你的银行账号。唯一的条件是请不要做任何会使自己变得不理智的事，或者试图避免这种毒药会产生作用的事。

问题是：你能否有办法得到这笔钱？

当然这个故事不是真实的，但是故事里提出的问题却是真实的。

艾雷纳首先想到的是，为什么这是一个心理测试？既然是心理测试，问题当然就要出在心理变化上。这笔钱不会轻易就得到的。

可是，只要想服下毒药即可，而不必真的服下。这不是很好选择吗？可是这样也未免太简单了吧！这个百万富翁虽然很古怪，总不能古怪到白送钱的地步……

正在艾雷纳胡思乱想时，对方选手已经选择了立场："我认为可以得到这笔钱。"

艾雷纳总是爱犯开小差的毛病，不管想什么问题一会儿就跑题，现在他只能选择反方了。他又在埋怨自己，刚刚找到一些支持正方的理由，现在又不得不从反面来想了。

希望压力能让他集中精力。

正方选手说："因为这里并不要求测试者一定要服下毒药。在这样的前提下，我想测试者可以产生想要服下的意愿。"

话虽这么说，可是未免有点太简单了吧？

看看反方的艾雷纳一直没说话，正方选手又说："我不知道这里面会不会有其他古怪之处，但我想既然最终不必真的服下，那又怎么会强烈地反对这种意向呢？"

对方说的话令艾雷纳觉得似乎就是自己想说的，但现在他必须强迫自己避免对方的影响。艾雷纳集中精力，他首先注意到题目中最后一句话，为什么要求测试者不要做出不理智的事，也不要试图避免毒药的作用？这句话的意思好像是指服下毒药实际上是件不理智的事，那么如果保持理智的话，测试者当然就会想办法避免毒药的作用，要求的条件岂不是不一致了吗？

　　当一个人知道毒药有致命性时，最自然的反应就是想办法避免这种结果的出现，但是……

　　艾雷纳终于开口说："我觉得还是做不到。因为这不是能否下定决心的事，即便不真的服下去，也很难保证做到像对方选手所说的'可以产生这种意愿'。

　　"因为一个理智正常的测试者，在知道这个题目后，首先想到的就是避免毒药的作用。经过分析，像正方选手说的，第一，不用真的服下去；第二，测试者只要产生这种意愿就可以了，所以测试者可以接受这些条件。这都没问题，但是题目中还有一条：这种意愿必须是彻底的、真实的，并且结果可以被百分之百准确测量到。这个条件是什么意思？并不是说一个人为了一百万美元而决定服下致命毒药就能做到的，如果是这样，这个题目本来就没多大意思了。因为理智正常的人都会这样选择。

　　"问题出在这时的意愿彻底吗？已经做好了一切准备，已经抱着不会真的服下去的想法，这时的意愿可能是彻底的吗？"

　　正方选手说："测试者完全可以不去想这些问题，因为这只是前期的想法，当他作出决定后，他的意愿当然可能是彻底的。他已经可以接受任何结果。"

　　艾雷纳说："没错，如果测试者已经作出这样的决定，结果当然是服下去，但什么是'彻底'？服下去也不一定就意味着能得到这笔钱，因为这种意愿必须是真实的。所谓的真实并不是指'服下去'就是真实，而是说这种想法是真实的。怎么才能令这种'服下去'的想法变成真实的呢？我的答案是：变得失去理智。"

正方说："如果是这样，岂不违背了题目中最后的要求了？测试者当然应该是一个理智正常的人，否则这种测试又有什么意义？况且对于一个不理智的人来说，根本就不可能测试出他的想法。"

艾雷纳说："你说得太对了，这才是问题的症结所在。如果一个人真的为了得到一百万而选择了服下毒药，那么结果只能是被认为不正常了。这已经违背了题目的要求，所以还是得不到钱。

"而如果从始至终就保持着理智，在这里'理智'是什么意思？就是要避免毒药的作用。如果这种想法一直在测试者的意识之中，那么请问，他怎么可能做到彻底呢？

"如果不彻底，就会被测量仪器测量出来，结果还是得不到钱。"

正方说："你说的这个'彻底'到底是什么意思？"

艾雷纳说："这里说的彻底显然并非是否真的服下去，而是一种意识，直接点说就是想服下毒药而没有任何分析，甚至不能想到因此获得一笔钱。"

正方还是不明白艾雷纳的意思："好，即便像你所说，测试者一样可以做到。"

艾雷纳说："如果是这样，这个测试者一定已经失去理智了。实际上一旦产生这种想法的结果是：永远抱定这个想法，结果或者失去理智，或者以服下毒药作为证明自己理智正常的手段……因为他已经说服自己彻底放弃任何理智。我想这就是这个古怪的悖论真正想说的意思。

"也就是说，要么测试者在理智正常时，试图避免服下毒药而违背要求；要么失去理智服下毒药，同样违背要求。结果是无论测试者真想还是暂时的决定，都不会得到这笔钱，并且与最终是否服下毒药的事实无关。"

时间终于到了。

分析员说："辩论停止。两位选手从一开始都已注意到这是一个涉及心理学的问题。但是正方的观点更接近于将问题当作一个真正的心理测试来看待，并且认为可以通过分析作出决定，最终得到这笔钱。

"而反方将问题当作悖论来看待，也就是说无论怎样做，结果都会产生矛盾，最终不可能得到这笔钱，因为这个古怪的富翁一开始的目的就不是想让人得到这笔钱，所以在提出的问题里已经预先设定了可能导致结果相互矛盾的条件。

"从两位选手的表现来看，反方选手对问题的领会显得更加深入一些。因为不论双方观点谁是谁非，反方选手至少将问题中所出现的每个细节都考虑到了，而正方做得还不够，当然也可能正方认为这些条件都是可以化解的，只要选择了接受，考虑这些条件又有什么用呢？但是正方没有进一步思考，如果考虑了这些条件，测试者还能接受任意的结果吗？而反方的回答正是否定了这一点。因为如果是彻底接受服下毒药的时候，可能是真的要服下毒药而不是不必服下毒药了，这才是问题的'可怕'之处。

"评分组最后得出的结果是：由于正方未能较深入地思考题目中的各种可能性，对自己所选的观点论证也因此显得不够充分，而反方的表现要好得多。最终反方胜出，并通过本环节考验。"

经过几轮辩论，所有的场次都已有了结果。

由于在后面的一场辩论中维维输给了对手列文，亚斯贝勒斯胜了对手桑普士，所以这九个孩子里最后通过"辩论场"的有平奇卡托、欧罗克、娜娜、亚斯贝勒斯和艾雷纳五人。

下一环节的游戏又要等到第二天了。

孩子们回去后都抱怨我们没提前透露点游戏规则，可是所有的选手都不知道呀，他们根本没有抱怨的理由。他们又问，如果有选手没时间继续玩下去怎么办？嘉维勒说："在通过某一环节后，如果没时间继续下去，进度会先被记录下来，等下次来时可以继续。本来对整个游戏来说，目的都是鼓励大家一起参与、共同思考，并不是一定要全部通过才叫游乐。哈哈，不过话说回来，最后一关还有更大的悬念呢，你们中没通过的下次再来尝试吧！"

贝里悖论（Berry Paradox）

这个悖论有很多说法，并且与罗素也有关系。这个悖论的高级形式涉及较深的数学基础的问题。

无穷悖论

这个问题在康托尔（Georg Cantor）之前大家都不愿提起，因为涉及"无穷"，但是康托尔的工作使数学家、逻辑学们开始注重思考它了。康托尔 1845 年出生于俄国圣彼得堡，他开创的现代无穷理论几乎在所有的数学领域都引起了一场革命，但是他的新思想也引来了很多反对者，这也使他成为数学史上备受攻击的数学家之一。

语言悖论

也可以认为是说谎者悖论。因为它是 Epimenides Paradox 和 Liar Paradox 的精致说法，也就是说，它是另外两个悖论的高级形式。

摩尔悖论（Moore's Paradox）

摩尔在一次演讲中提到，后来受到另一位 20 世纪著名哲学家维特根斯坦的重视，多次提到摩尔提出的问题。

毒药悖论

心理学问题。原悖论说的毒药有自己的名字：Kavka's Toxin Puzzle。

第十三章

智慧屋

一、"紫色的"并不是紫色的

"异己的"是不是异己的？

——格雷林-纳尔逊悖论

已经退出游戏的选手可以选择游乐园里另外一个模拟游乐广场的游戏，里面有很多用各式卡通玩具和真人表演结合起来的问题，既可以使孩子们玩得更有趣，还能对各自遇到的问题加深理解和记忆，特里特、欧萝丝、维维和乌斯丽塔他们明天就打算去那儿玩了。

新的一天又开始了，通过"辩论场"的选手一共是十三位，他们今天又会面对怎样的考验呢？

选手们被领到一个宽阔的大厅里，大厅又分成了很多个小屋子。当选手们全部到齐后，主持人说："欢迎大家来到第三个环节——智慧屋。"

只听一阵细语声："什么是智慧屋？能获得智慧的屋子吗？……"

主持人接着说："这一环节的游戏要求每个选手独自面对问题，当选手回答问题时，分析员会随时针对各位选手的回答提出新的问题，当然所提问题是对选手回答的进一步引导，使各位选手对问题的认识不断深入，同时也是选手与分析员之间的不断交流和探讨。

像前面各环节遇到的问题一样，'智慧屋'里的问题基本上都没有固定的答案，而是要让选手开动自己的脑筋，只要求能给出足够的理由。

"进入这一环节的选手共计十三位，现在提供十三个号码，任意抽取，号码对应着每个小屋的门牌号。

"抽完号码以后，请大家再休息几分钟，九点半的时候我们正式开始。"

抽号的结果是，欧罗克三号、平奇卡托六号、娜娜七号、亚斯贝勒斯十号、艾雷纳十二号。

就按他们的号码顺序来看吧。

欧罗克进到三号"智慧屋"。

分析员说："在大厅里主持人已经将规则告诉你们了，其实很简单，你只要将你思考问题的过程或者结论说出来，如果我感觉有可以补充的地方就会与你一起讨论，我们共同深入对问题的认识。与以前的环节有点不一样的是，'智慧屋'不要求你明确的观点和结论，只要思考就行了。

"游戏时间为两个小时，所有选手的结果都要等到时间用完才能揭晓，因为本环节的评分标准要求首先计算出所有参赛选手的平均分，高于平均分的为胜，这也就意味着肯定会淘汰一批选手。"

欧罗克说："没问题。现在就开始吗？"

分析员说："当然可以，请看你右边的显示屏。"

欧罗克右边的墙上有一个显示屏，上面显示的题目是：

我们将那些能够用于描述自身的词称为"同己的"，比如说"可发音的"这个词本身就是可以发音的，所以它就是一个"同己的"词。

不是同己的词就称为"异己的"，比如"动词"就不是一个动词，而是名词；"紫色的"自身并不是紫色的，而只是一个用于表示色彩的形容词。

那么现在有一个问题："异己的"这个词是不是异己的呢？

欧罗克从来没听说过有什么"同己的""异己的"词，所以他先琢磨琢磨这两种词的意思。欧罗克想，既然不是同己的词就被称为"异己的"，那么也就是说，一个词不是"同己的"就是"异己的"，比如"词语"这个词本身就是词语，所以是"同己的"；但如果是抽象的东西呢？"思想"就不是思想，所以是"异己的"；还有很多名词，如"杯子"本身也不是杯子，所以也是"异己的"，这样看来"异己的"词好像要比"同己的"更多一些。

欧罗克说："如果这样来划分词语的话，岂不是说所有的词不是'同己的'就是'异己的'！那么名词里面就很少有'同己的'词了。"

分析员说："嗯，不错，可能还没有人做这样的统计，看看到底有多少个词是'同己的'，多少个是'异己的'。"

欧罗克说："至少在名词里，'名词'是'同己的'，而所有的名称看来都不是'同己的'，比如一个人的名字叫'欧罗克'，'欧罗克'只是三个字的组合而已，并不是欧罗克这个人，所以就不是'同己的'；再比如代词里的'你我他她它你们我们他们'等就都不是你我他……这些人，所以也只能是'异己的'词。"

分析员说："的确，其实我们还可以从另一个角度来看，即'同己的'和'异己的'是两个集合。"

欧罗克问道："集合是不是指聚集在一起的很多东西？"

"通俗点可以这么说，但不严格，集合应该是具有某种相同属性的事物共同组成的。比如我们现在说的'同己的'就是一个性质，凡是具有这个性质的词都属于这个'同己的'集合。当然在说集合之前我们也要有一个范围，比如我们现在讨论的是'词'而不是'食物'，这样一个范围又叫作'论域'，而在集合里的单个事物又叫元素。

"如果我们将'同己的'和'异己的'看作两个集合，像你开始说的，它们就正好包括了所有的词。同样的道理，名词、动词、形容词、副词等的划分其实也同样包括了所有的词，只不过我们现在说的是另外一种划分。它们之间很自然地会有交叉、重复的现象。凡是同己的词就都是'同己的'集合里的元素，同样'名词'也是一个集合，你说的同己的名词就是这两个集合交叉的部分，也就是说'同己的名词'是名词而且还是同己的。"

欧罗克说："你这样一说我感到清楚了一些，但是'可发音的'本身只是一个形容词，它是用来形容别的事物的。"

分析员说："你还没有完全明白我的意思。这个词当然是一个形容词，所以它属于'形容词'这个集合，而且没人规定形容词只能形容别的事物而不能形容自身呀！'可发音的'这个词虽然是一个形容词，但它本身也是要发音的，所以它就具有了'同己的'性质，因而它就是'同己的'集合里的一个元素了。这时它就是'形容词'的集合与'同己的'集合的共同元素，也就是两个集合的交集里的一个元素。"

欧罗克说："'同己的'这个词本身其实也是一个形容词，但它也具有同己的性质，所以它又是一个'同己的'词。"

分析员说:"很好。那么现在你要积极思考的问题就是:'异己的'是个什么样的集合。其实你没有必要再分辨形容词等词性,因为'同己的''异己的'是一种新的划分。"

二、什么是"异己的"

欧罗克说:"既然'同己的'是指可以用于描述自身的词,那么'异己的'就是不能用于描述自身的词。题目中也说过,'紫色的'是一种颜色,但它本身却不是紫色的。所以这个词就属于'异己的'集合。凡具有这种性质的词都是'异己的'集合的元素。"

分析员说:"没错,题目中问'异己的'本身是不是异己的?"

欧罗克说:"'异己的'本身是用来描述上面说的集合性质。但它作为一个词就应该属于'同己的'或者'异己的'集合中的一个。

"如果它属于'同己的'集合,也就是说它可以用于描述自身,这时的意思就是:'异己的'本身是异己的。

"可是……不对,既然它是异己的就应该属于'异己的'集合,但'异己的'集合的性质是:不能用于描述自身。如果它不能用于自身,意思不正是'异己的'吗?这时恰恰又描述了自身,所以此时它应该属于'同己的'集合。这里面好像出现了一个循环?"

分析员说:"但是一个词不可能既是同己的又是异己的,因为从'异己的'定义我们可以看到,它是除了'同己的'以外的词,这意味着它们之间没有交集，不可能有重复的词。并且刚才我们已经讨论了'同己的'本身是同己的，它属于其中的一个集合，但是'异己的'呢？它不可能同时属于两个互不交叉的集合。"

欧罗克说："我明白这里面的道理，可是无论假定它属于其中的哪一个集合，都能得出它属于另一个的结论。难道在这里不能将'异己的'性质用于自身？我现在说的'不能用于自身'不是指题目里的'异己的'意思，而是说这个词不能自指，而只能用于描述其他的词。"

分析员说："也许有这种可能。但是为什么别的词都能通过用于自身来分辨是'同己的'还是'异己的'，而唯独这个词不行呢？"

欧罗克说："如果一定要划分为其中一种的话，我觉得还是应该属于'同己的'集合。"

"为什么？"

"因为当'异己的'这个词属于'同己的'集合时，意思是可以描述自身，这时的描述已经是在集合的性质上来说了，而不再是针对具体的某一个词。这样来看'异己的'是异己的，正好表明它描述了自身，而不是反过来一定要归入'异己的'集合里。因为我们前面说了，划分两个集合的是不同的性质，而不是两个形容词——'同己的'和'异己的'。"

分析员想了一下问道："你还能说得更明白一点吗？"

欧罗克说："其实'同己的'也只是我们定义出的一个性质，而它所对应的集合就是具有这种性质的集合，并不一定要与'同己的'这个词有什么关系。既然'异己的'这个词具有描述自身的性质，那么自然就属于'同己的'集合了，它已经可以'描述自身'了，当然就不可能又'不描述自身'。"

分析员说："我明白你的意思了。但是'异己的'是怎样描述自身的?"

欧罗克说:"它本身就是异己的。"

"没错,但是'异己的'是什么?"

"我们不是已经定义了吗?"

"所以说,你是想停留在一个地方使这个问题不再循环下去,但是你的标准并不是始终一致的。当你说'异己的'这个词是'同己的'时,你依据的正是'异己的'这个词的定义,而定义就是指出了词与性质之间的对应。可当你发现要出现矛盾时,又说只需要利用集合的性质,而不必利用指代集合的那个词。你的想法本身就不一致了。"

时间已经过去了一大半。

欧罗克说:"哦,我已经晕了!我真的没什么想法了,大概这个问题还是要不停地循环下去了。"

分析员说:"的确,这个问题不只令你感到迷惑,自从它出现以后很多人都在研究,要想最终解决问题,不只是你,其实大家都还要继续努力。"

三、问题本身有问题

"所有的法则皆有例外。"

这也是一个法则。

——法则悖论

欧罗克碰到的问题的确有些令人迷惑，因为那两个词完全可以不存在。

　　其实它们的定义并无奇特之处，除了产生这样的问题是否还有别的意义，或者仅仅是语言游戏？

　　欧罗克已经不想再纠缠下去了，他一边休息一边等待游戏结束。

　　此时的平奇卡托正精神抖擞地与分析员探讨着。

　　平奇卡托遇到的问题是：

　　"所有的法则皆有例外。"这句话本身也是一个法则。

　　平奇卡托首先想到的是，这句话对吗？为什么法则都会有例外？这个题目到底想问什么？难道不存在一个法则是没有例外的吗？据说真理都不是绝对的，更何况是法则？

　　平奇卡托说："我不明白，'法则都有例外'这句话没什么错呀。"

　　分析员说："这个题目还包括后面一句话，你不妨再想想。"

　　平奇卡托这才注意到"这句话本身也是一个法则"。

　　既然如此，这句话也一定会有例外，这句话的例外是："有一个法则没有例外！"

　　但是前面的话是："所有的法则皆有例外。"

　　这个法则难道不包括在"所有的法则"之中？

　　平奇卡托说："如果将后面一句话考虑在内，就会得到一个矛盾的结果，既然前面已经说了所有的法则都有例外，现在却又得到一个结论：有一个法则没有例外，也就是说存在没有例外的法则。但这个矛盾好像还有问题。"

　　分析员问道："你发现了什么问题？"

　　平奇卡托说："前两天，我在游戏结束后总会回去将遇到的问题讲给老师和几位长辈听，我不明白问题里包含什么力量，会令思维纠缠不清。

"他们说这些问题大都属于'悖论'的范围，但也有区别，其中有普通悖论，它们只会导致一个矛盾结果。就像现在我遇到的这个问题，如果这句话是对的，则可以得出与它相反的结论，但是如果假设它是错的，即'所有的法则都没有例外'，这句话也是法则，此时得到一个具体的结果'这个法则也没有例外'，而无法得到'有一个法则有例外'的矛盾结果。

"还有一种是'逻辑悖论'，它们的特点是肯定这个'悖论'就能得到它的否定的结论；如果否定它正好又得到肯定的结论，来回变换构成一个循环。"

分析员说："那你一定能回答这个问题了！"

"知道问题的性质是一回事，回答问题是另一回事。何况解决这类问题的角度千差万别，没有一个固定的方法，否则这些问题也就缺少存在的必要了。"

分析员说："那你现在想到了什么办法？"

平奇卡托说："我的确发现了一些问题。'所有的法则都有例外'，这个判断从何而来？它一定是对的吗？还有，这里并没有说明什么样的句子才能算作法则，那么题目里说这句话就是一个法则的理由是什么？没有关于法则的说明，那么所有的'法则'指的又是些什么？

"由这么多并不明确的前提出发得出一个矛盾的结论，这本身就有问题。而且这个结论也成了人们有意制造出来的，那它除了作为游戏里的问题，不会再有什么意义。"

分析员说："你问得很好，但还不能随便就否定它的意义。也许这句话的确是编造出来的，但它反映了存在于人类语言里的一些问题，比如在日常生活中就存在大量类似的例子：我什么都不想说，只想告诉你一句话；屋子里什么都没有，除了一张破旧的椅子，等等。

"关于这个问题到底有没有意义我们先不讨论，先来看你的想法吧。"

平奇卡托说："好吧，'所有的法则都有例外'这句话如何确定？'所有的'是涉及全体的词，在实际中我们很难确定它的真实性，因为法则无法被穷尽。并且'什么是法则'还未确定，又怎么明确题目里的意思呢？难道我们是按照已经设定好的'圈套'得出一个矛盾的结论？

"还有，前面这句话能否被称为'法则'？"

平奇卡托已经将整个问题转向另一个方向了，原来的问题的确是一个语言上的由语义产生的语义悖论，但现在平奇卡托将问题引向更远的地方，他想问的是"我们是怎样使用这些词语的"，并且可能还会进一步问，"我们为什么这样使用语言，而不是另外的样子"。可是这些问题恐怕连语言学家也没有明确的答案，不知道平奇卡托会如何收场。

四、问题的意义

平奇卡托对自己的提问解释道："首先我们根本无法确定'所有的法则'的结论，这里还是先讲讲什么是法则吧。

"我认为'法则'本身就是人为制定的，它不同于真理和规律。法则既然是人来制定的，那么'所有的法则'这个说法本身就有问题，因为'法则'会不断被制定出来，数量会不断增加，即便将现有的所有法则都考察一遍，仍然无法保证对'所有的法则'作出结论的正确性。

"其次，这句话本身是不是一个法则？如果的确是一个被大家认可的法则，那么它当然包括在现有的所有'法则'之中。既然已经知道它属于现有法则的范围并发现会产生矛盾的结果，那为什么还要作出'所有的法则都有例外'这样没道理的结论呢？"

分析员说："你的意思是不是说，我们不能对'所有的'法则作任何描述或者判断？"

平奇卡托想了想说："我不明白你说的'任何'是什么意思。我们当然可以说'所有的法则都是法则'这样的话，不知道这算不算你说的'任何描述或者判断'。"

这时监控室里的嘉维勒说："平奇卡托什么时候也变得这么善辩了。"

麦力说："看来这个游戏还是起了作用，可是我真担心以后该怎么跟这些孩子说话，动不动就会找到毛病，而且还要纠缠不清。"

我说："这说明我们的语言里还存在很多问题。"

艾皖说："可是我们不还是一样交流吗？"

嘉维勒说："没错，所以这可能才是最大的问题。我们使用存在漏洞的语言，却能几千年来彼此交流，谁能解释清楚这是怎么回事？"

是呀，语言如果能完善到毫无漏洞，那么所有的交流都将是完全的有效的毫无异议的，可是那时的语言还会有魅力吗？同样的一句话，在不同的场合由不同的人物以不同的语调来说，其结果可能是陈述，也可能是埋怨，或者幽默或者尴尬，等等。

分析员说:"你不是说法则可以不断增加吗?如果根本无法穷尽所有的法则,那又如何对所有的法则作出判断呢?你说的'所有的法则都是法则'难道就不存在这样的疑问?你说的话不也前后矛盾吗?"

平奇卡托陷入了一个自己制造的困境之中。

分析员说:"并且如你所说,法则都是人为的规定,那么至少我们还可以说'所有的法则都是人为制定的'。也就是说虽然我们无法考察所有的法则,但却仍然能对所有的法则作出描述或者判断,只是并不能随意地作判断而已。但你如何把握一个判断是否随意?"

平奇卡托说:"也许这两种判断之间的性质不同。"

"你指的是什么性质?"

"比如'人为的'是最初定义中的性质,而'法则'是要被定义的概念。所以这个性质当然对所有的法则都适用,因为最初就是这样定义的。但对于以后发现或者附加的性质就有可能出问题了。"

分析员说:"嗯,你说得有道理。就像'什么是人一样',无论我们怎么定义'人','所有的人都是人'是没错的,虽然至今对人的定义还在争论不休,但大家都知道一个人是不是人并不需要等到大家有了一致的定义才能作出判断。看来不同的性质在问题中也具有不同的地位。"

时间就这样到了。

分析员说:"其实你已经理解了题目里的意思,并且给出了更多的思考和解释。

"我还想提醒的是,你说这个问题可能没有意义,开始我不知道如何回答你,现在我想这个问题令你思考了那么多,而且很多问题已经对事物本质进行了更深的探讨,这难道不是问题的意义吗?"

五、想的？做的？

我以为大家都想去。

——心理学悖论

在"智慧屋"中，娜娜遇到了这样一个题目。

一个阳光灿烂的下午，一家人在露天阳台上玩扑克。其中一个家庭成员想，也许大家该换个地方去玩，不能整个下午总待在这里，但这不是因为他自己想出去，而是他考虑到其他人可能会这么想，于是他提议去不远处的艾比林来次小小的旅游。经过一个燥热的、没有乐趣的，甚至连食物都很糟糕的旅游回来后，他觉得其实自己更愿意待在家里。其他人也这样认为，但是为什么在大家可以继续享受整个下午的时候，没人反对这个提议呢？

娜娜认为："我觉得这是心理暗示的作用。当其中一个人提出要出去游玩时，大家以为他愿意出去，其中有些人为了照顾他的意愿就同意了，其他人会认为这些表示同意的人都愿意换一个地方玩，为了不破坏愉快的气氛所以也会同意，最后这个提议的人发现大家真的都愿意离开这个阳台。"

分析员说："你分析得很好，整个过程也许就是这样的。但是为什么会如此呢？大家为什么不说出自己不想去的意见呢？"

娜娜说："这可能是因为大家都为别人着想吧！"

分析员说："虽然有这种可能，但是仍然缺乏说服力。比如还有一个类似的例子。在优先选举系统中，假设一个人想选候选人卡洛，但考虑到卡洛可能永远不可能击败比他更受欢迎的罗西和塞纳，结果这个人选了罗西。这是一个不能令人满意的选择，因为他最想选择的其实是卡洛。这个选举人就符合刚才说的那个心理学悖论，因为他实际做的与他想要做的不一致。

"这里我们就看不出你刚才说的理由：大家都为别人着想。"

娜娜说："其实他完全可以坚持自己的观点，为什么一定要改变自己的想法？如果大家都这么想，那候选人卡洛岂不是从本来是最好的变成了最差的？"

分析员说："正因为有这种情况出现，所以大家才开始考虑这个问题，为什么人们不能坚持自己的观点呢？尤其是这些观点并不涉及确定的知识或者科学结论，而仅仅是自己的一些想法。"

娜娜说："我好像没这样想过。如果我不想出去旅游，我就会告诉大家。如果我想选卡洛，我当然就会选他。"

分析员说："不过这里还有一点小问题。你说'我不想出去旅游，我就会告诉大家'，可是如果大家都非常希望你一起去，而你要是不去大家都会很扫兴，这时你是否会觉得自己这样的决定有些自私呢？"

娜娜一时无语了。

其实娜娜说得也没错，这个问题对她来说可能就是这么简单，但为什么对社会学家、心理学家来说反而变得复杂了呢？

这里面涉及的问题也许并不是一个孩子可以感受到的，每个人都会受到社会环境的影响，或者应该说社会环境决定着一个人可能的心理模式。上面的例子只是其中的一种情况，还有许多类似的心理作用，比如相信权威的观点比相信自己的观点更正确，这里面当然是有道理的，因为权威或者专家在某些领域里当然要比别人知道得更多，但是如果将自己的一切权利都交予他们也是不行的。科学上就有很多反对权威从而发现真理的例子，伽利略因为怀疑亚里士多德说的"重的物体比轻的物体下落快"的判断而找到了新的"落体理论"。

但是要想摆脱社会心理的负面影响，恐怕就像要摆脱它的正面影响一样困难。

娜娜最后放弃了对这个问题的思考，因为她实在想不出其中的问题出在哪里。

分析员说："这个问题也许要比你以前碰到的问题都难，因为这里面涉及更多对自身所处大环境的感受，而这些感受大多是来自对社会的理解和经历。

"但我希望你记住这个问题，在以后能时时思考它，并且希望你的答案永远是'说出自己真实的想法'。"

六、什么是正确？

这句话包含七个字。

——语言悖论

通过"智慧屋"的选手一共是七位，五个孩子里只有平奇卡托和亚斯贝勒斯通过了这一环节。这都是嘉维勒的功劳，他平日里就非常注意给学生们教授方法而不光是知识。虽然其他几个孩子的结果有些令人可惜，因为过了这一环节就到了最后一关了。不过说实话，大家表现得都很好，只是有些问题可能对他们来说不太合适。从中我们也注意到游戏还有很大的改进余地，应该针对不同年龄段的选手设定不同内容的题目。

孩子们回去后，都争着介绍自己遇到的问题，没能参加"智慧屋"的几个更是追问个不停。

这时轮到亚斯贝勒斯了，他说："我遇到的问题是：'这句话包含七个字'。"

乌斯丽塔问他："就这一句话？"

亚斯贝勒斯说："就这一句。我当时也莫名其妙，不知从何说起，甚至不知道这是什么样的问题！"

特里特说："会不会这句话本身有问题？"

亚斯贝勒斯说："没错，过了十几分钟我才意识到。你们仔细数数，如果不计算标点符号这句话本身有八个字，而不是七个字。"

"是呀！那你是怎么回答的。"

"我说，这句话是错的。但分析员说：'这怎么会是错的呢？至少大家找不出任何语法错误，也就是说我们可以这样说话。'"

维维说："并不是没有语法错误就一定没错。"

亚斯贝勒斯说："我也是这么说的，这句话的语法虽然没错，但它的意思是不对的。我举例说，'我看见天上有一株树'，这句话就没有语法错误，但是我们知道这件事不可能发生。所以这句话还是不对的。

"分析员说：'看待语言的角度不是唯一的，最基本的可以分为语法和语义。'也就是说这个句子的语法没有问题，但语义不正确。"

欧萝丝说："那现在不是已经把问题解决了，就这么简单？"

亚斯贝勒斯说:"单就这个问题也许可以这样解释,不过我想这并不是一个问题,而是一类问题。所以后来我的观点是,这类问题都是没有意义的。因为文字的组合千变万化,并不是每一种组合都是语言。

"所谓符合语法的句子就是按照各种句子成分来分析没有违反语法规则的句子,但是有成千上万的字、词,它们能组合出无数多个符合语法的句子,而很大一部分可能都是没有意义的。

"比如'我喝了一杯电脑',语法上就没错,但是没有实际意义。"

平奇卡托说:"我在遇到'法则'问题时,也曾说过这样的话,认为那样的问题没有意义,但是分析员最后说,这些问题虽然本身看上去没什么意义,但它们能使我们思考更深入的问题,这也许才是它们存在的意义。"

亚斯贝勒斯说:"我明白你说的意思了。我们说所遇到的问题没有'意义',是说它们的内容本身没有任何所指,就像一句话本来有八个字,却非要说成有七个字、六个字。

"但第二个'意义'就不是说这些问题本身了,而是说它们可能带来新的思考,这些思考针对的是更广泛的领域,比如语言、意义、真假,等等。"

麦力对嘉维勒说:"这个亚斯贝勒斯虽然年龄不大,但是思维非常清晰。现在虽然缺乏具体的知识体系,但他的思维方法已经初步建立。真不知以后会有多聪明!"

嘉维勒说:"其实他以前告诉我,他没事时就爱翻来覆去地想一些看上去很简单的事,非要从里面想出点什么才罢休。不过平奇卡托就不这样,他更喜欢和别人聊天,听取千奇百怪的不同观点,然后去找它们之间的联系。各有各的方法,这几个孩子都很聪明,而且各有所长。他俩能过关,也是他们的运气好,碰到了不少关于语言的题目。"

我拍拍嘉维勒的肩膀:"所以也不愧是你的弟子呀!"

艾皖说:"我倒忘了,他们原来有你这个爱研究语言的老师。"

七、问题之外

$$-1/1=1/-1\ ?$$

——阿诺德悖论

大家又追着问艾雷纳遇到的题目。

艾雷纳的问题是:

我们知道 $-1/1=1/-1$,但这断定的是一个较小的数与一个较大的数之间的比等于这个较大的数与同一个较小的数之间的比。这是怎么回事呢?

娜娜说:"这不是一个数学题吗?左右两边都等于 -1,所以它们当然是相等的。"

艾雷纳说:"结果当然是相等的。但是如果按照题目中的解释,这里面的确出现了新的问题,一个小的数比上一个大数却与相反的比相等?"

平奇卡托说:"虽然看上去会有些奇怪,但是数学里并没有规定它们不能相等呀，既然可以相等就说明没有矛盾嘛！"

艾雷纳说："这个结果当然是没错的，但我想问题想说的不是结论的对错，而是为什么会出现这种情况。"

特里特说："按照一般的道理来说，应该是大数比小数所得结果较大，比如2/1当然大于1/2……"

乌斯丽塔说："但是如果考虑2/-1和-1/2呢？结果正好相反了，大数比上小数反而更小了。"

艾雷纳说："所以我觉得这里关键是出现了负数，我们日常以为的道理其实只适用于正数，一旦出现负数结果就会改变了。"

"那分析员怎么说？"

"分析员说，是这样的。但是为什么会出现负数呢？负数是什么？我想这才是想让我思考的。并且进一步还可以问：数是什么？数字是如何产生的？"

"那你是怎么回答的？"

艾雷纳说："其实我也不知道。我本来就害怕遇见数字问题，这回可好，直接让我思考什么是数！我一点眉目都没有。"

几个孩子想了半天也没点思路，看来这道题对他们来说的确太难了。

嘉维勒对我说："还是你来给大家讲讲什么是数字吧！"

我说："其实这个问题的确是一位数学家提出来的，不过我才学过几天，哪能解释清楚？只能大概说两句，以后我们还要一起努力学习。我也只能根据自己的理解给大家描述一下，还谈不上解释。

"其实我们很难明白人类是如何产生数的概念的，至于数字在各种古老文明的书写、记录里都不太一样，现在通用的阿拉伯数字是其中最简洁、最方便实用的一种。

"我们现在只能重新构造一种数字概念的发生过程。近代的逻辑学家、数学家们使用最多的一个概念就是一一对应，为什么我们最初接触数的时候，总是说这是一个苹果、这是两只绵羊，但到后来我们却抛开物体，直接说一、二、三、四……

　　"这个一、二、三、四……其实不是任何东西，只是一些符号，它们所对应的概念就是'数'。为什么五只绵羊和五个苹果一样多？是因为它们能一一对应。一位逻辑学家举过一个例子，一群羊在一片小树林里，怎么知道羊多还是树多呢？我们就可以将一只羊对应地拴在一棵树上，这就是一一对应。如果把所有的羊都拴好了，还剩下没有拴羊的树，那就说明树多，如果还剩下羊，就说明羊多。

　　"这样就能说明不同物体之间是如何相互对应的，从中抽象出来的关于量的概念就是数。至于数字是如何在数学中被构造出来的，因为还牵扯很多专业知识，以后再慢慢讲吧。"

格雷林-纳尔逊悖论（Grelling-Nelson Paradox）
它是理发师悖论、罗素悖论的新形式。1908 年由格雷林（Kurt Grelling）和纳尔逊（Leonard Nelson）提出。

法则悖论
有些类似于"真理悖论"和"虚无悖论"。不过述说方式别具特点，结果是思考的方法也不尽相同。

心理学悖论

这个悖论是由管理学大师哈维（Jerry B. Harvey）在他的一本书《阿比林悖论与管理中的其他冥想》（*The Abilene Paradox and other Meditations on Management*）中提到的。阿比林是一个地名，就是悖论里说的大家出去游玩的地方。这个悖论也因此得名，这个悖论被用于管理教育。它还常常用来帮助解释糟糕的商业决定是如何制定出来的，这种糟糕的决定往往来自"委员会的规则"。这个悖论还被用于批评优先选举系统。

语言悖论

这个悖论有些类似于贝里悖论，但是显得缺乏更多的思考余地。

阿诺德悖论（Arnauld's Paradox）

数学问题。这个悖论显然可以使人们产生更多的想象，比如负数是什么，为什么要有负数，等等，甚至可以进一步问："'负'是什么？"

第十四章

游戏岛

一、临时变故

三天后，大家重又来到游乐园。平奇卡托和亚斯贝勒斯即将进入最后一关的游戏了。

等大家都聚集到一个大厅里时，才发现一共有一百多人。主持人说："参加本环节游戏的选手是近十期通过'智慧屋'的选手，共计123位。这一环节的游戏叫作'游戏岛'，没有输赢之分，只要大家相互协作在规定时间内完成游戏则全体通过，否则全体都无法通过。"

工作人员发给每人一个通行证（类似以前麦力和我去海德村时用的），以此作为进入游戏的凭证。大家按照所发号码，对号坐入游戏器。等待游戏开始。

"游戏将在九点钟准时开始，下午五点结束。"

这些游戏器是我们根据艾皖设计的那台时光机器增加了更多功能

制造出来的。游戏开始后，这些选手就像睡着了一样……时间一分一秒地过去，我们从现场什么也看不出来，只能等待游戏结束。

这时设备监控室通知艾皖去一下，过了一会儿，艾皖急急忙忙跑回来，把我们几个叫到一边说："出了点问题。"

"怎么回事？"

"游戏开始前忘了挑选联络员。"

联络员指的是带有联络器的选手，由于现场只能监控选手的身体举动，无法时时监控游戏内部活动，如果在游戏中万一出现什么紧急情况，联络员可以通过联络器与现场监控中心取得联系，随时关闭游戏，保证选手的安全。并且联络器还能录制整个游戏过程，事后供研究之用。

麦力说："那怎么办？还有什么补救办法吗？"

艾皖说："现在只能再派两个人进去了。"

嘉维勒说："可是现在找谁去呢？"

艾皖说："我想还是你俩去吧！你们有过类似的经验。"

我看看嘉维勒："好吧，事不宜迟，赶紧准备吧。"

我们迅速准备好，艾皖开动了机器。

二、过去？未来？

绞刑将在下周的某天中午进行，

但你不知道具体哪天行刑。

——判决悖论

一股暖流传遍了我的右半身，我慢慢地睁开眼睛，天空清明，白云飘忽，阳光灿烂，空气清新，嘉维勒看着我有点奇怪地笑……

这个场景似曾相识。

"你们必须回答我提出的问题，否则没人能活下去。"一个中年人的声音从我的头顶上方传来。

我慢慢地扭过头："洛修特村长！"

难怪嘉维勒笑得有些奇怪。

洛修特问道："你们怎么认识我？现在还是先回答问题，其他的事以后再说。"

问题是：

一个囚犯被判绞刑，法官在星期六宣布：绞刑将在下星期的某天中午进行，但你不知道具体哪天行刑。囚犯分析：我不可能在下星期六赴刑，这是最后一天。因为星期五下午我还活着，那么我知道星期六中午我一定被处死，但是这与法官的判决有矛盾。根据同样的推理，他认为下星期五、星期四、星期三、星期二、星期一、星期日，法官的判决都无法执行。

除了问题不一样，难道这不就是我们曾经来过的——海德村吗？

……

麦力和我曾经用过的通行证难道就是进入某个游戏的凭证？

上次嘉维勒和我走出海德村时的游乐园难道就是我们建造的这一个？

286

······

可那是过去的事，难道说我们在过去经历了未来？那现在我们正在经历着的是过去还是未来？······

判决悖论（Unexpected Hanging Paradox）

"无法预料的绞刑悖论"，实际上，法官的判决可以在下星期六以外的任何一天执行。

第十五章

尾声

又经过了大半年我才从游戏的迷惑中渐渐恢复过来，其实仍然不明白其中发生的事，只不过逐渐接受了现实可能原本就是如此的结论。

有一次在飞机上遇到了一位美丽的女孩，她说自己很喜欢思考奇怪的问题，我就把我们的游乐园和自己遇到的一些问题讲给她听，本来是想借机宣传我们的游乐园，结果她说："你为什么不将这些故事写下来，让更多的人一起分享思考的乐趣?"我说："可以吗?""当然可以。"

我觉得那只不过是一些游戏而已，可是她说："它们是游戏，不过它们是思维的游戏。难道你能说现在人类的'思考'不是一场游戏?"

后来我才知道她是一家世界知名出版社的编辑，为了将我们游乐园的理念进一步推广，我答应开始写下这段有趣的经历。

正如这位美丽的编辑所说：思考给我们带来的快乐是持久而永恒的。

后 记

　　最初的"说谎者悖论"和"理发师悖论"没有给予解答，但细心的你一定发现了，其实"说谎者悖论"与"这句话是错的"是同一种悖论的不同说法，而广为人知的"理发师悖论"则是"罗素悖论"的通俗说法，这个说法是1918年由罗素本人提出的。罗素悖论是说"一个集合是所有不包含自身的集合的集合"，这句话说起来有些别扭，它涉及更多的关于集合的知识，如果用数学语言来表示就会显得简洁许多，当然意思还是一样的。这时，如果它包含自身，根据定义，它不能包含自身；如果它不包含自身，根据定义，它要包含自身。

　　另外，探秘海德村本身也是一个悖论的变体。

　　祖父悖论：如果你乘坐时间机器返回到你的祖父和祖母结婚前的时代，并阴差阳错地，或者是想尽办法地，也许仅仅是恶作剧地拆散了你的祖父与祖母的婚姻，现在的问题是："你是谁?"当然我们知道时间机器至少至今还只是一个科学上的幻想，但我想这个问题不仅仅是想证明科学需要幻想，或者相反想证明科学不需要假设。不过，我倒是觉得这个悖论很好，至少它令我常常思考"我是谁"这个问题。

　　书中大大小小的问题都属于悖论，不过悖论的种类很多，其中严格的逻辑悖论是指肯定一个命题——我们将作出判断的一句话称作一个命题——的结果是得出否定的答案，而否定这个命题又会得出肯定的答案。

不严格的悖论常常是一个方向成立，也就是说无法循环。当然还有专家进一步将悖论分为可形式化的悖论和不能形式化的悖论，至于要讲清楚什么是"形式化"，恐怕又要啰嗦了。

我们看到"指向自身"是产生悖论的一大根源，还有就是语言的混淆、概念的不清，以及循环互指等。其中有些是可以分辨清楚的，有些是可以解释明白的，还有些却是无法彻底解决的。于是有些人将这些无法解决的，或者一部分可以解决的统统称为无意义的而加以摒弃，这是不负责的态度。因为我们至少从中发现了语言还可以被混淆，概念原来还是如此不清不楚，循环原来还会给我们的思维带来如此大的麻烦，我们在面对自己的思考时原来会如此不负责任……这些意义难道都是"无意义"的？难道一个精神病人说自己是精神病是无意义的吗？难道我们说自己是正常的是有意义的吗？

也许"为什么会出现这些问题"才是这些问题最能给予我们的真实意义。

还有许多悖论之所以没有选入的原因，是由于它们需要更多的知识背景，不过这些问题的思维方式和理解方式却是类似的，例如集合论悖论、席位悖论、电梯悖论等，包括引子中提到的分球悖论也未作分析，因为这些悖论正如本书中已有的例子一样，涉及哲学、拓扑学、博弈论、统计学、语言学、社会学、数学、物理学、化学、历史学、人类学、心理学等学科领域，有些更是综合了好几个学科的思想，属于交叉学科、边缘学科的研究范围，不一而足。我相信以后如果读者遇到它们，一定会用自己的方法揭示它们的秘密。

本书的一个目的就是启发大家的思维方式，并通过管中窥豹的方式对各个学科做一个小小的揭示。这种揭示是有限的，但我想同时也是有益的，因为有些东西我们总觉得离自己很远，其实通过这些有趣的例子我们可以发现，很远的所谓"学术"的东西就在我们身边。我希望读者能从中找到自己的兴趣和对未来的理想，哪怕是在一个不太讲自己理想的时代里，即便由此仅仅只是产生一个不切实际的梦想又有何妨！

毕竟未来的时代属于热爱创造的人！

最后想用诗人卞之琳的一句诗作为结束：

"你站在桥上看风景，看风景的人在楼上看你。"

2018 年 6 月 6 日

罗素悖论（Russell's Paradox）

这个悖论是罗素 1901 年发现的，它使得弗雷格（Frege）构造的数学基础出现了问题，从而引起了数学史上的第三次数学危机。随后逻辑学家、数学家、哲学家都加入解决问题的行列中，20 世纪科学的一系列重大成果都是由此而来。

祖父悖论（Grandfather Paradox）

这里涉及时间倒流的科学幻想，科幻电影里早已将这个幻想演绎了无数遍，但大都是以娱乐为主，真正地思考一下其中可能引发的问题可能更有趣。

附录

对几个概念的讨论

在这里我们一起来进一步讨论几个词的含义，作为书中内容的延伸。

一、矛盾。矛盾是指相互对立的一种关系。词典里的解释虽然能让人知道"矛盾"的意思，但是还没做到能让人准确地理解。"矛盾"是一种关系，这就说明它涉及两个事物或者事物的两个方面。单个事物或单个方面不可能具有这种性质，就好像我们不能说一个物体"既存在又不存在"。正如"矛与盾的故事"里出现的情景一样，只有两句话之间才能产生矛盾，如果生意人单说自己的"矛是世上最锋利的"，也许有些夸大但不会产生矛盾，单说"盾是最坚固的"同样不会有矛盾，只有同时说出这两个判断时才出现矛盾。我们还可以进一步思考，如果是两个相邻的生意人，一个卖矛、一个卖盾，他们分别说自己的产品最好，这时如果问"用你的矛刺他的盾会怎样"也不能构成矛盾，而只能判断谁的话是真而已。所以相互矛盾的事物彼此对立，但矛盾却正是存在于彼此对立的双方之中，矛盾的双方相互依存，缺少其中任何一方，都无法构成"矛盾"。

292

二、悖论。悖论不是矛盾。悖论一词的英文是"Paradox"，这个词还可译作"似是而非"，这个意思要比"矛盾"弱了许多。"悖论"或者"似是而非"是性质而不是关系，这是它们与"矛盾"的关键性的区别。它们是一种性质的意思是说，它们存在于单独的物体之中，而不是在两个物体之间。一个判断（物体）具有"悖论"或者"似是而非"的性质指的是，这个判断可以引起违背常识、直觉或者产生矛盾等类似的结果，注意是"引起矛盾"，而不是"矛盾"。在矛与盾的故事里，如果从结果来看是"矛盾的"，但如果从生意人来看，这个矛盾的结果正是来自他所说的话引出的结果，因而具有了悖论意义。所以"似是而非"这个词对"悖论"这种性质的描述更形象一些。

三、常识和直觉并不总是指那些感性的、经验的结果。因为很多常识是理性分析的结果，直觉里面也包含着一个人（主体）的理性知识背景。这些情况其实在书中的问题里都有所体现，大家可以细细品味。

逻辑学悖论已在后记中作了说明，此处就不再重复了。

图书在版编目（CIP）数据

非是非非：世界经典趣味悖论/孟云剑著.—上
海：文汇出版社，2021.4
ISBN 978-7-5496-3123-0

Ⅰ.①非… Ⅱ.①孟… Ⅲ.①悖论-普及读物 Ⅳ.
① O144.2-49

中国版本图书馆 CIP 数据核字（2021）第 033262 号

非是非非：世界经典趣味悖论

著　　者　孟云剑
责任编辑　徐曙蕾
装帧设计　一亩幻想

出版发行　🄼文匯出版社
　　　　　上海市威海路 755 号
　　　　　（邮政编码 200041）

照　　排　南京理工出版信息技术有限公司
印刷装订　启东市人民印刷有限公司
版　　次　2021 年 4 月第 1 版
印　　次　2022 年 2 月第 3 次印刷
开　　本　890×1240　1/32
字　　数　210 千
印　　张　9.75

ISBN 978-7-5496-3123-0
定　　价　35.00 元